C语言教学做一体化教程

主　编　王贵玲
副主编　叶惠卿　刘永明　张　毅

武汉理工大学出版社
·武　汉·

图书在版编目(CIP)数据

C语言教学做一体化教程/王贵玲主编. —武汉:武汉理工大学出版社,2018.8
ISBN 978-7-5629-5843-7

Ⅰ.① C… Ⅱ.① 王… Ⅲ.① C语言-程序设计-教材 Ⅳ.① TP312.8

中国版本图书馆CIP数据核字(2018)第170280号

项目负责人:彭佳佳　　**责任编辑**:彭佳佳
责任校对:李正五　　**封面设计**:付　群
出版发行:武汉理工大学出版社
社　　址:武汉市洪山区珞狮路122号
邮　　编:430070
网　　址:http://www.wutp.com.cn
经　　销:各地新华书店
印　　刷:武汉兴和彩色印务有限公司
开　　本:787×1092　1/16
印　　张:10.25
字　　数:250千字
版　　次:2018年8月第1版
印　　次:2018年8月第1次印刷
印　　数:1000册
定　　价:38.00元

前　　言

C 语言是目前使用最广泛的程序设计语言之一，也是计算机课程体系中的第一门重要的基础课程。它具有简洁紧凑、使用灵活方便、执行效率高等特点。本书“淡化语法、强调应用”，在书中注入了新的教学思想和方法，力争改变过去定义和规则讲授过多的弊端，从现实的具体问题入手，尽量把枯燥无味和抽象的编程语言讲得生动；让学生明白如何分析问题、解决问题，逐渐培养学生程序设计的逻辑思维能力；注重“通俗性、可接受性”的原则，把教学重点放在程序设计方法上，由例子引出语法，通过一些具体问题的程序来分析算法，介绍程序设计的基本方法和技巧，注重易读性和启发性；从最简单的问题入手，通过编写、运行程序，调试程序来掌握 C 语言的语法和程序设计方法，然后再分析最易出错的语法。

本书有丰富的项目实例，并与在线评测系统进行配套，为“教、学、做”一体化教学提供了保障。通过选用大量贴近生活实际的问题进行项目教学设计和在线评测系统，激发学生的学习兴趣，使学生带着真实的任务在探索中学习，增强学生主动学习的积极性。

本书由王贵玲主编、统稿并编写模块 1、模块 3、模块 6 和模块 7，叶惠卿编写模块 2 和模块 8，张毅编写模块 4，刘永明编写模块 5，企业一线工程师何剑云为本书的实例和练习题及知识点都给了很好的建议。感谢大连源代码软件有限公司提供的在线评测系统。在此对所有给予本书支持和帮助的同仁们致以最真挚的感谢！

本书提供微课视频、课程标准、授课计划、单元设计、教学课件 PPT、思维导图、案例源代码、习题答案等丰富的数字化资源。如读者需要数字化资源请发电子邮件至 287297783@qq.com（王贵玲）。

要编写一本令人满意的教材并不是一件容易的事，尽管我们非常认真和严谨，但书中难免存在疏漏之处，敬请读者指正。

编　者

2018 年 5 月

目　录

模块1　C语言概述

【模块介绍】

本章主要介绍C语言的发展和特点;C语言的基本结构;C语言编程环境及上机执行的过程;C语言的代码风格。

【知识目标】

1. 了解C语言的发展历程、特点;
2. 掌握C语言的编程环境和执行过程;
3. 掌握C语言的代码风格。

【技能目标】

1. 通过学习C语言概况,学生能够对C语言的历史、现状和未来有所了解;
2. 通过学习C语言编程环境和执行过程,学生能够熟悉C语言编程环境及C语言源代码的执行过程,提高程序调试能力和排错能力。

【素质目标】

1. 培养学生认真负责的工作态度和严谨细致的工作作风;
2. 培养学生自主学习探索新知识的意识;
3. 培养学生的团队协作精神;
4. 培养学生的诚实守信意识和职业道德。

1.1　C语言概况

1.1.1　C语言的发展

C语言是一种强大的专业化编程语言,深受业余和专业编程人员的欢迎。在学习之前应先了解和认识它。C语言的原型是A语言(ALGOL 60语言)。

1963年,剑桥大学将ALGOL 60语言发展成为CPL(Combined Programming Language)语言。

1967年,剑桥大学的Matin Richards对CPL语言进行了简化,于是产生了BCPL语言。

1969年,美国贝尔实验室的Ken Thompson将BCPL语言进行了修改,提炼出它的精华,并为它起了一个有趣的名字"B语言"。并且他用B语言写了第一个UNIX操作系统。

1973年，美国贝尔实验室的Dennis M. Ritchie在B语言的基础上最终设计出了一种新的语言，他取了BCPL的第二个字母作为这种语言的名字，这就是C语言。为了推广UNIX操作系统，1977年Dennis M. Ritchie发表了不依赖于具体机器系统的C语言编译文本《可移植的C语言编译程序》，即著名的ANSI C。

1978年由AT&T(美国电话电报公司)贝尔实验室正式发表了C语言。同时Brian W. Kernighian和Dennis M. Ritchie出版了名著*The C Programming Language*一书。通常简称为K&R，也有人称之为K&R标准。但是，在K&R中并没有定义一个完整的标准C语言。后来由美国国家标准协会(American National Standards Institute，ANSI)在此基础上制定了一个C语言标准，并于1983年发表，通常称之为ANSI C，从而使C语言成为目前世界上应用最广泛的高级程序设计语言之一。

由于C语言的不断发展，1987年，美国国家标准协会在综合各种C语言版本的基础上，又颁布了新标准，为了与标准ANSI C区别，称为87 ANSI C。1990年，国际标准化组织ISO接受了87 ANSI C作为ISO标准。这是目前功能最完善、性能最优良的C语言版本。目前流行的C语言编译系统都是以此为基础的。本书讲述的内容是以ANSI C为基础的。

1.1.2　C语言的特点

在过去的几十年里，C语言已经成为世界上最流行、最重要的一种编程语言。为什么它为计算机界人士所广泛接受呢？因为C语言是一种融合了控制特性的现代语言，而人们已发现在计算机科学的理论和实践中，控制特性是很重要的。其设计使得用户可以自然地采用自顶向下的规划，结构化的编程以及模块化的设计。这种做法使得编写出的程序更可靠、更易懂。它的主要特点如下。

1. 高效性

在设计上它充分利用了当前计算机在性能上的优点。C程序往往很紧凑且运行速度快。事实上，C语言可以表现出通常只有汇编语言才具有的精细控制能力(汇编语言是特定的CPU设计所采用的一组内部指令的助记符。不同的CPU类型使用不同的汇编语言)。如果愿意，编程人员可以细调程序以获得最大速度或最大内存使用率。

2. 可移植

C语言是一种可移植语言。这意味着，在一个系统上编写的C程序经过很少改动或不经修改就可以在其他系统上运行。如果修改是必要的，则通常只改变伴随主程序的一个头文件中的几项内容即可。多数语言原本都想具有可移植性，但任何曾将IBM PC BASIC程序转换为Apple BASIC程序(它们还是近亲)的人，或者试图在UNIX系统上运行一个IBM大型机FORTRAN程序的人都知道，移植至少是在制造麻烦。C语言在可移植性方面处于领先地位。C编译器(将C代码转换为计算机内部使用的指令的程序)在40多种系统上可用，包括从使用8位微处理器的计算机到Cray超级计算机。不过要知道，程序中为访问特定硬件设备（例如显示器）或操作系统（如 Windows XP 或 OS X）的特殊功能而专门编写的部分，通常是不能移植的。由于 C 语言与 UNIX 的紧密联系，UNIX 系统通常都带有一个 C 编译器作为程序包的一部分。Linux 中同样也包括一个 C 编译器。个人计算机，包括运行不同版本的 Windows 和 Macintosh 的 PC，可使用若干种 C 编译器。所以不论使用的是家用计算机、专业工作站还是大型机，都很容易得到针对特定系统的 C 编译器。

3. 强大的功能和灵活性

C 语言强大而又灵活（计算机世界中经常使用的两个词）。例如，强大而灵活的 UNIX 操作系统的大部分便是用 C 语言编写的。其他语言（如 FORTRAN、Perl、Python、Pascal、LISP、Logo 和 BASIC）的许多编译器和解释器也都是用 C 语言编写的。结果是，当在一台 UNIX 机器上使用 FORTRAN 时，最终是由一个 C 程序负责生成最后的可执行程序的。C 程序已经用于解决物理学和工程学问题，甚至用来为《角斗士》这样的电影制造特殊效果。

4. 面向编程人员

C 语言面向编程人员的需要。它允许编程人员访问硬件，并可以操纵内存中的特定位置。它具有丰富的运算符供选择，可让编程人员简洁地表达自己的意图。在限制编程人员所能做的事情方面，C 语言不如 Pascal 这样的语言严格。这种灵活性是优点，同时也是一种危险。优点在于：许多任务（如转换数据形式）在 C 语言中都简单得多。危险在于：使用 C 语言时，编程人员可能会犯在使用其他一些语言时不可能犯的错误。C 语言给予编程人员更多的自由，但同时也让编程人员承担更大的风险。多数 C 语言实现都有一个大型的库，其中包含有用的 C 函数。这些函数能够处理编程人员通常会面对的许多需求。

1.1.3　C 语言的未来

越来越多的计算机用户已使用 C 语言以便利用其优点。

不管 C++ 和 Java 还是其他较新的语言如何流行，C 语言在软件产业中仍然是一种重要的工具，在最想获得的技能中，它一般都列在前 10 名。C 语言也一直位列主流编程语言的前三甲！特别是在嵌入式系统的编程中，C 语言一直占据主导地位。

最后，由于它是一种适合用来开发操作系统的语言，C 语言在 Windows 以及 Linux 的开发中也扮演着重要的角色。因此，在未来几十年当中，C 语言还将继续强势！

1.2　C 语言编程环境

编写出的 C 语言源代码如何在计算机上进行调试运行直到得到正确的运行结果呢？

本书中 C 程序的编辑、调试及运行采用 Microsoft Visual C++6.0（以下简写为 VC++6.0）开发平台，读者也可以采用其他的开发平台，如 dev CPP。

要运行一个 C 程序一般都要经过编辑、编译、链接、运行四个步骤，如图 1-1 所示。

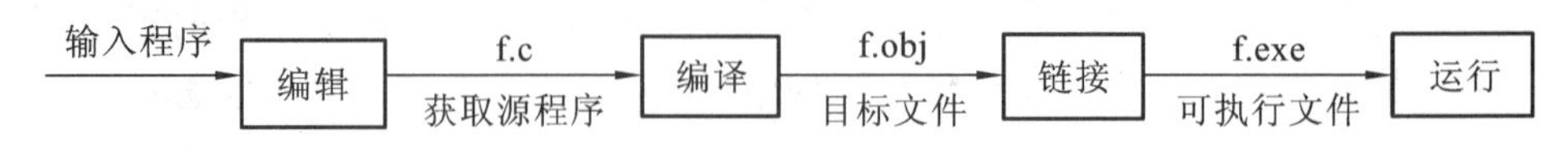

图 1-1　C 程序执行过程

将 C 语言代码经过编译、组建(也称链接)、运行才可以看到输出结果。编译是将 C 语言源代码“翻译”成机器码(0、1 代码)，生成.cpp 文件，然后再将工程所需要的所有资源集合在一起，生成.exe 文件，最后运行了.exe 文件就可以看到结果。详细执行步骤如下：

1. 进入 VC

开始→程序→Microsoft Visual C++ 6.0→Microsoft Visual C++ 6.0，如图 1-2 所示。

图 1-2　打开 VC++6.0 方法示意图

2. 新建工程

文件→新建→WIN32 Console Application→输入工程名(如 Project1)→确定，如图 1-3 所示。

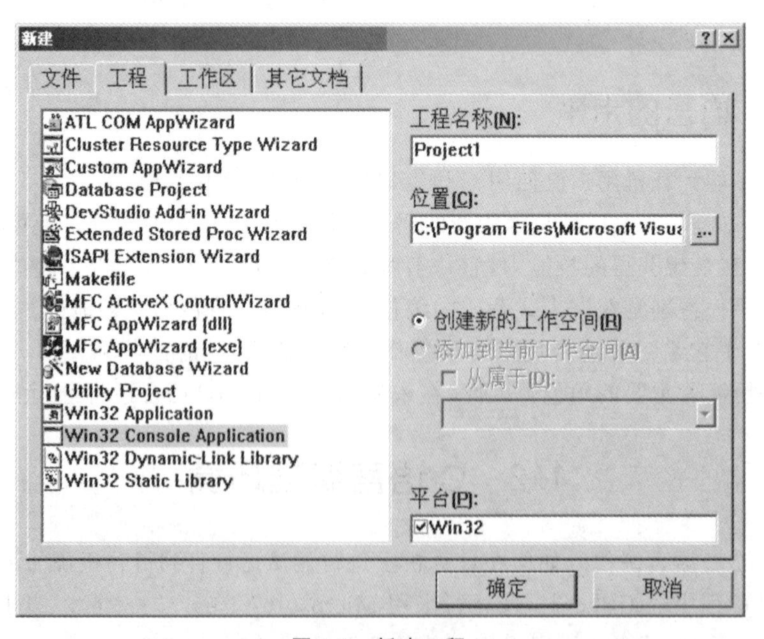

图 1-3　新建工程

3. 新建文件

文件→新建→C++ Source File→输入文件名(如 F1.c,默认扩展名 *.CPP)→确定,如图 1-4 所示。

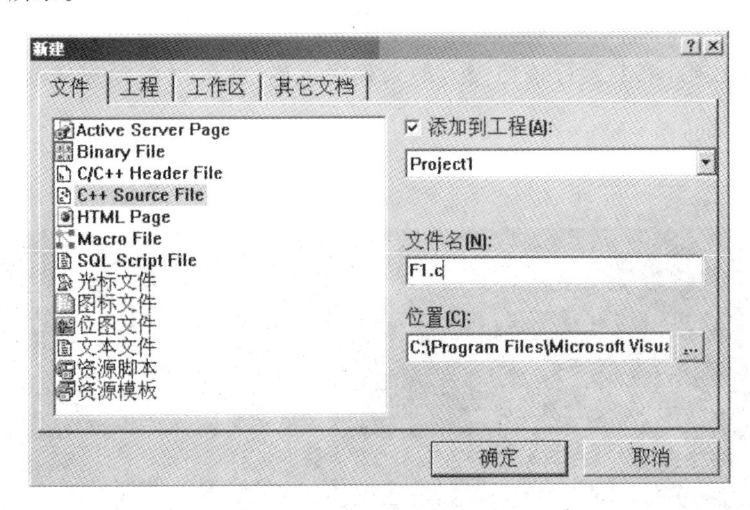

图 1-4　新建 C 语言源文件

4. 在工作空间中可以看到刚才创建的工程和源文件(图 1-5)

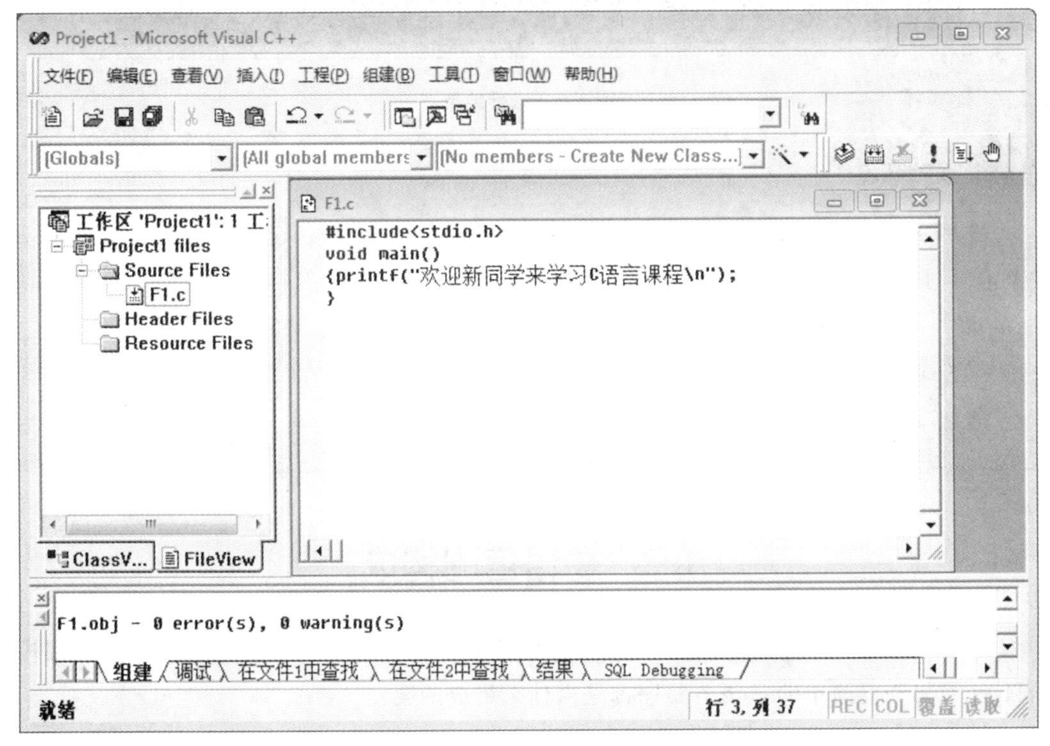

图 1-5　C 语言源程序编辑界面

5. 编译、运行代码

对于初学者，最常用的是按运行按钮 ! 。编写完代码，一次单击就可以看到输出结果。也可以使用快捷键：Ctrl＋F7(编译)、Ctrl＋F5(运行)或 F7(组建)。

编写完源代码，单击运行按钮 ! ，如果程序正确，就可以看到程序的运行结果，如图 1-6 所示。

图 1-6　运行结果

体验编程环境

步骤 1：启动 VC＋＋6.0，开始→程序→Microsoft Visual C＋＋ 6.0→Microsoft Visual C＋＋ 6.0 命令，进入编程环境。

步骤 2：新建 F1.c。

步骤 3：在编辑窗口录入源程序，并保存。

步骤 4：单击运行按钮 ! ，输出结果如图 1-6 所示。

1.3　C 语言的构成

在前面讲了一个 F1.c 完成了一个简单的输出。那么这个简单的小程序的代码都代表什么意思呢？简单的 C 语言程序都是由什么组成的呢？

1.3.1　函数和语句

1. 什么是函数

对初学者来说现在理解函数的含义有点困难，后面的章节会对函数进行详细讲解。

函数是C程序的基本单位，一个能正确编译的C语言的源代码文件，它里面至少包含了一个函数。

函数名所在的一行为函数头，{}括起来的内容称为函数体。函数的大致格式如下：

```
函数类型　函数名(…)
{
…
}
```

例如：

```
void main()
{
…
}
```

前面编写的F1.c程序里面有一个main()函数，如图1-7所示。

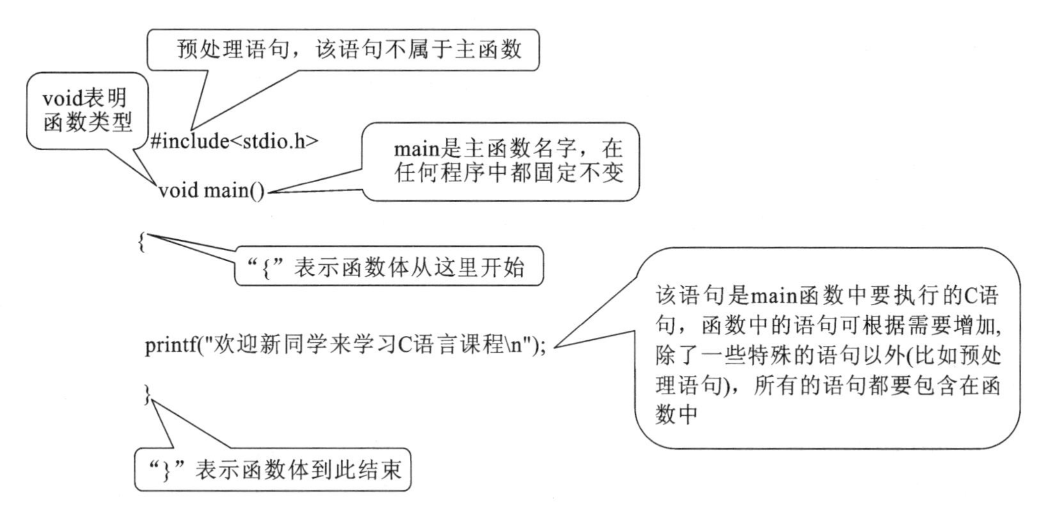

图1-7　F1.c结构分析图

一个C程序必须有且只能有一个主函数，即main()函数。不管一个程序包含多少个函数，也不管main()函数躲在哪个角落，在运行该程序时，系统都会千方百计地找到main()函数，从main()函数开始运行。所以我们把main()函数称作程序的"入口函数"。

main()函数可以调用其他函数,其他函数不能调用 main()函数。

2. C语言书写格式

C程序是由函数组成的,而函数是由各种语句构成的。在书写C语言的语句时,要遵从以下规定:

(1) 一条完整的语句必须以英文分号结束。

(2) 一行可以写多条语句。

(3) 一条语句也可以占多行,但在何处断行很重要。

比如:下面的两个printf语句同样是占据两行。哪个运行是正确的呢?

```
printf
("大家好\n"); √
printf("
大家好\n");  ×
```

3. C语言注释语句

在C语言源代码中,如果某些内容以/*开始并以*/结束,则编译系统会把这之间的内容作注释处理,对它不进行语法检查——这些语句称为注释语句。注释语句不执行,只是便于用户对程序的阅读理解,对编译和运行不起作用,注释语句可以出现在程序中的任意位置。具体如下:

(1) 单行注释

单行注释通常用于对程序中某一行代码进行解释,用"//"符号表示。

```
printf("Hello, world\n");   // 输出"Hello, world"
```

(2) 多行注释

多行注释就是在注释中的内容可以为多行,它以符号"/*"开头,并以"*/"结束。

```
/*      printf("Hello, world\n");
        return 0;     */
```

1.3.2 printf()函数

printf()函数是C语言系统提供的一个基本输出函数,它的函数原型包含在stdio.h头文件里面。它的功能是输出一些指定的内容,在前面的程序中通过此函数printf("欢迎新同学学习C语言课程");构成了输出语句,因此输出了"欢迎新同学学习C语言课程"这条语句。

1. printf()函数的一般格式

printf(格式输出控制,输出列表);

(1) 格式输出控制:需用一对双引号括起来,双引号内包含"格式说明"和"普通字符"

两部分。

(2) 输出列表:需要输出的数据,多个数据之间用逗号隔开。

例如:

```
printf("%d,%o\n",m,n);
printf("m=%d,n=%o\n",m,n);
```

2. 格式说明

(1)“格式说明”由“%”和格式字符组成,如%d,%c,等。它的作用是把输出数据转换为指定格式输出。

注:在printf()函数中,若格式说明的个数少于输出项的个数,多余的输出项则忽略不输出。

【例1-1】 以下程序:

```
#include<stdio.h>
void main()
{
    int a=666,b=888;
    printf("%d\n",a,b);
}
```

运行结果(图1-8):

```
666
Press any key to continue
```

图1-8　例1-1运行结果

(2) 可以在%和格式字符之间加入一个整数来控制输出数据所占的宽度,如果整数指定的宽度大于实际输出数据的宽度,数据的输出采用右对齐的方式,左边自动补空格;反之,则以输出数据的实际宽度输出。

【例1-2】

输出语句	输出结果
printf("%d",258);	258
printf("%2d",258);	258
printf("%4d",258);	□258
printf("%f",1.25);	1.250000
printf("%10f",1.25);	□□1.250000

(3) 当在%和格式字符f之间加入“整数1.整数2”来控制输出数据的格式时,“整数1”用于指定输出数据占的总宽度,“整数2”用于指定输出实数的小数部分的个数。

【例 1-3】

输出语句	输出结果
`printf("%-10.3f\n", 2.2555);`	2.256□□□□□
`printf("%4.4f",3.15);`	3.1500

(4) 如果要在输出的八进制前添加 0,或在输出的十六进制前添加 0x,可在%号和格式字符 o 和 x 之间插入#号(注意:#号对其他格式字符通常不起作用)。

【例 1-4】

输出语句	输出结果
`printf("%o",207);`	317
`printf("%#o",207);`	0317
`printf("%#x",207 );`	0xcf

(5) 普通字符会原样输出,转义字符需要输出对应的字符。

注意:printf()函数输出数据时,初学者很容易忽略普通字符的输出。

【例 1-5】

```
#include<stdio.h>
void main( )
{
  int a,b;
  a=10;
  b=15;
  printf("a+b=%d\n",a+b);
}
```

运行结果(图 1-9):

```
a+b=25
Press any key to continue
```

图 1-9　例 1-5 运行结果

1.3.3　scanf()函数

1. scanf()函数的一般格式

scanf(格式输入控制,输入数据列表);

格式输入控制与 printf()函数的格式输出控制相同。

输入数据列表必须是一个或者是多个合法的地址表达式。

例如:

```
scanf("%d",&a);
scanf("%f",&a);
scanf("%c",&a);
```

2. 格式说明

(1) 当从键盘中输入多个数值数据时，输入数值数据之间用分隔符(包括空格符、制表符和回车符，但是不包括逗号)隔开。

【例 1-6】

```
#include<stdio.h>
void main( )
    {
  int x,y,z;
 scanf("%d%d%d",&x,&y,&z);
    }
```

如对x、y、z三个整型变量分别输入10、20、30，则数据的输入格式如下：10＜间隔符＞20＜间隔符＞30＜回车＞。

(2) 在输入控制中，格式说明的类型与输入项的类型应该一一对应匹配。如果类型不匹配，系统并不给出出错信息，但不能得到正确的输入数据。当输入长整型数据(long)时，必须使用%ld格式；输入double数据时，必须使用%lf或%le，否则不能得到正确数据。

(3) 与printf()函数相似，在scanf()函数中的格式字符前可以用一个整数指定输入数据所占的宽度，但对实数不能指定小数的位数。

【例 1-7】

```
#include<stdio.h>
void main()
{int a ,b;
scanf("%3d%2d",&a,&b);
printf("%d,%d",a,b);}
```

运行时输入数据123456789＜回车＞。

运行结果(图1-10)：

```
12345678
123,45
Press any key to continue
```

图 1-10　例 1-7 运行结果

(4) 在输入控制中，格式说明的个数与输入项的个数应该相同。如果格式说明的个数少于输入项的个数，系统自动结束输入，多余的数据没有被读入，但可以作为下一个输入操作的输入数据；如果格式说明的个数多于输入项的个数，系统同样自动结束输入。

【例 1-8】

```
#include<stdio.h>
void main()
{
        int x,y,z;
        scanf("%d%d",&x,&y,&z);
}
```

如采用如下的输入形式：10<间隔符>20<间隔符>30<回车>，由于在输入控制中只有两个格式说明%d，则只能对 x 和 y 变量分别输入 10 和 20，而 30 不能被读入，只能作为以后其他输入的输入数据。

（5）跳过输入数据的方法。可以在格式字符与%之间加入一个“ * ”使输入过程跳过输入的数据。

【例 1-9】

```
#include<stdio.h>
void main()
{
   int x,y,z;
   scanf("%d%*d%d%d",&x,&y,&z);
}
```

如采用如下的输入形式：10<间隔符>20<间隔符>30<间隔符>40<回车>，则系统会把 10 赋给变量 x，跳过数据 20，把 30 赋给变量 y，把 40 赋给变量 z。

（6）若在 scanf()函数的输入控制中含有其他的字符，则在输入时要求按一一对应的位置原样输入这些字符。

【例 1-10】

```
#include<stdio.h>
void main()
{
    int x,y,z;
    scanf("x=%dy=%dz=%d",&x,&y,&z);
}
```

要求按如下的形式输入：x=10<间隔符>y=20<间隔符>z=30<回车>。

温馨提示

使用 scanf()函数时，如果数据输入未能完成，则程序一直等待键盘输入，此时用户应该完成数据输入。许多初学者在未输入数据的情况下回车，程序没有任何反应，好像死机了一样。这是没有输入数据的缘故，只要用户输入数据即可。

总结 scanf()函数的注意事项：

① 输入数值型数据时，各数值间的分隔符可以是：空格、Tab、回车。

② 输入字符型数据时，空格、Tab、回车都会被认为是字符，而不是分隔符。

③ "格式输入控制"中的普通字符，在输入数据时一定要原样输入。

④ 跳过输入数据，在%和格式字符之间加一个"*"。

1.4 综合应用

【例 1-11】 模拟 ATM 机取款操作，只提示"请输入取款金额"，输出"正在出钞，请稍后……"提示。

```
#include<stdio.h>
void main()
{
int money;
printf("请输入取款金额:");
scanf("%d",&money);
printf("您取款%d,正在出钞,请稍后……\n",money);
}
```

运行结果(图 1-11)：

```
请输入取款金额:500
您取款500元, 正在出钞, 请稍后……
Press any key to continue
```

图 1-11　例 1-11 运行结果

【例 1-12】 鸡兔同笼，笼里共有 40 个头，共 100 条腿，问鸡兔各多少只？

解析：鸡两条腿，兔四条腿。设有 habit 只兔子，chick 只鸡，head 为头的总数，leg 为腿的总数。

$$\begin{cases} chick + habit = head \\ 2 * chick + 4 * habit = leg \end{cases}$$

我们推出：chick=40−habit，habit=(leg−2 * head)/2。

```
#include<stdio.h>
void main()
{
int habit,chick,head,leg;
printf("请输入笼里头的个数:");
scanf("%d",&head);
```

```
printf("请输入笼里腿的个数:");
scanf("%d",&leg);
habit=(leg-2*head)/2;
chick=40-habit;
printf("在笼里鸡有%d只,兔子有%d只\n",chick,habit);
}
```

运行结果(图1-12):

图1-12　例1-12运行结果

【项目小结】

本节主要介绍了C语言的发展历程和基本特点,介绍了C语言程序的开发环境:编辑源程序、编译源程序、生成.exe程序、运行程序,让读者对C语言源代码的运行过程有初步的了解,与此同时也介绍了C语言的编程环境Visual C++6.0,让读者学会使用它来编辑和调试简单的程序。本节还介绍了C语言的构成,让读者对C语言程序的组成和代码风格有一个初步的了解。

【上机实验】

登录网站 http://www.dotcpp.com/oj/problemset.html:

① 在线评测系统第1000~1001题。

② 在线评测系统第1168题。

③ 在线评测系统第1762题。

④ 在线评测系统1779题。

模块 2　C 语言的数据类型及运算符

【模块介绍】

本模块主要介绍 C 语言的各种数据类型及格式符号；键盘输入的各种数据类型；关系运算符及逻辑运算符；变量的赋值及自增、自减运算；各种表达式。

【知识目标】

1. 了解关键字、标识符、表达式；
2. 掌握常量及变量；
3. 掌握运算符。

【技能目标】

1. 掌握常量和变量的概念；
2. 掌握各种整型、字符型、浮点型变量的定义和使用；
3. 掌握程序数据类型转换规则及强制转换的方法 ；
4. 掌握赋值运算符、算术运算符、比较运算符等的使用方法；
5. 理解运算符的优先级和结合性概念。

【素质目标】

1. 培养学生认真负责的工作态度和严谨细致的工作作风；
2. 培养学生自主学习探索新知识的意识；
3. 培养学生的团队协作精神；
4. 培养学生的诚实守信意识和职业道德。

2.1　关键字与标识符

2.1.1　关键字

关键字是指在编程语言里事先定义并赋予了特殊含义的单词，也称作保留字。关键字在程序中用于表示特殊含义，不能被用作变量名、函数名等。C 语言关键字对应表见表 2-1。

表 2-1　C语言 32 个关键字对应表

关键字						
auto	double	int	struct	break	else	long
switch	case	enum	register	typedef	char	extern
return	union	const	float	short	unsigned	continue
signed	void	default	goto	sizeof	volatile	do
static	while	for	if			

2.1.2　标识符

1. 标识符概念及命名规则

在编程过程中，经常需要定义一些符号来标记一些名称，如变量名、方法名、参数名、数组名等，这些符号被称为标识符。标识符命名需要遵循一些规则：

(1) 标识符只能由字母、数字和下划线组成。

(2) 标识符不能以数字作为第一个字符。

(3) 标识符不能使用关键字。

(4) 标识符区分大小写字母，如 add、Add 和 ADD 是不同的标识符。

2. 标识符分类

(1) 关键字：已经事先定义好了，程序不能再将它们另作他用。记住常用的关键字(如 int、if、do、break、case、char 等)。

(2) 预定义标识符：在 C 语言系统中已经使用了的标识符(如 printf、scanf、define、include 等)。预定义标识符可用作用户标识符(为了避免误解，建议不要将该类标识符另作他用)。

(3) 用户标识符：根据用户需要定义的标识符。用户标识符不能是关键字。

2.2　C语言的基本数据类型

在程序的世界中，可以让计算机按照指令做很多事情，如进行数值计算、图像显示、语音对话、视频播放、天文计算、发送邮件、游戏绘图以及任何人们可以想象到的事情。要完成这些任务，程序需要使用数据，即承载信息的数字与字符。

不管哪种编程语言，它们处理数据的能力也许有所不同，但每种编程语言所能处理数据的基本类型几乎是一致的，其他复杂的数据类型都要转换成基本数据类型来处理。所以当务之急是认识一下C语言的基本数据类型有哪些，这些数据类型的表现形式是怎样的，与它们有关的基本操作又有哪些。

2.2.1　常量与变量

任何数据对用户都呈现常量和变量两种形式。

2.2.1.1　常量

常量是指在程序运行过程中保持固定不变的量，也就是说程序在运行过程中其值不能改变。C语言中常量又分为普通常量和符号常量。

1. 普通常量

普通常量包括整型常量、实型常量、字符型常量、字符串常量。

(1) 整型常量。整型常量就是整数型常数，可以有正负号。在C语言中，整数型常数可以用十进制、八进制和十六进制三种不同的形式表示。

① 十进制整数型常数是用数码0～9表示的十进制整数，如215、－236、0等。

② 八进制整数型常数必须以0开头，数码为0～7(开头的数字0代表所表示的数为八进制数，以区别于十进制整型常数)。八进制数通常是无符号数，如014(换算成十进制数是12)。

③ 十六进制整数型常数必须以0X或0x开头，数码为0～9、A～F或a～f(0x代表所表示的数为十六进制数，如0x123表示十进制数字291)。

在每一种常量后加小写字母l或大写字母L又得到十进制长整型常量、八进制长整型常量和十六进制长整型常量，如100L、014L和0xabl。

(2) 实型常量。实型常量也称为实数或浮点数，也就是在数学中用到的小数。在C语言中，浮点数只采用十进制表示。它有十进制形式和指数形式两种。

① 十进制形式：由数码0～9和小数点组成。在整数只有一位0时，这时0可以省略，但小数点不可以省略。例如：0.0、.25、5.67、－56.456。但这种表示形式不适合表示太小或太大的数。

② 指数形式：由十进制数加阶码标志e或E及阶码(只能为整数)组成。E前、后必须有数，E后必须为整数。例如：

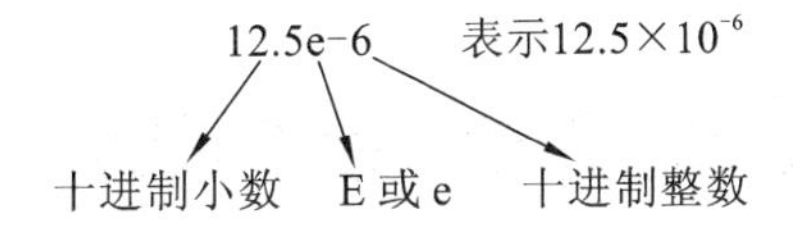

(3) 字符型常量。字符型常量有两种形式，一种是用单引号括起来的单个字符，例如'a'、'A'、'1'、'+'等，其中'a'、'A'是两个不同的字符常量。一种是以反斜杠“\”开头的转义字

符，所谓转义字符，是指将反斜杠“\”后面的字符转变为另外一种含义。使用这种方法可以表示任何输出的字母字符、专用字符、控制字符和图形字符。表 2-2 是常见的转义字符及其功能。

表 2-2　转义字符及其功能表

转义字符	功能	ASCII 记号
\a	响铃	BEL
\b	退一格	BS
\ddd	1～3 位八进制数所代表的 ASCII 字符	ddd
\f	走纸换页	FF
\n	换行	NL(NF)
\r	回车(不换行)	CR
\t	横向跳到下一个输出区	HT
\v	竖向跳格	VT
\xhh	1～2 位十六进制数所代表的 ASCII 字符	hh
\\	反斜杠字符	\
\’	单引号字符	’
\”	双引号字符	”
\?	问号字符	?
\0	空	Null

【例 2-1】　如下程序用转义字符输出可打印字符和不可打印字符：

```
#include<stdio.h>
void main()
{
printf("please\t\x48\n");
}
```

程序输出如下：

```
please  H
```

(4) 字符串常量。字符串常量是用一对双引号括起来的字符序列，例如"hello"、"123"、"itcast"等。字符串的长度等于字符串中包含的字符个数，例如，字符串"hello"的长度为5个字符。长度为0的字符串(即一个字符都没有的字符串)称为空串,表示为" "(一对紧连的双引号)。如果反斜杠和双引号作为字符串中的有效字符,则必须使用转义字符。

温馨提示

在C语言中,存储字符串常量时,由系统在字符串的末尾自动加一个"\0"作为字符串的结束标志。如字符串"hello"的长度是5个字符,但实际占用的内存空间是6个字符。在源程序中书写字符串常量时,不需要加结束字符"\0",否则为画蛇添足。

2. 符号常量

C语言中也可以用一个标识符来表示一个常量,称为符号常量。符号常量在使用前必须先定义,其语法格式如下:

＃define 标识符常量

如语句: `# define  PI  3.14                //没有分号`

＃define是一条预编译命令(预处理命令都以"＃"开头),称为宏定义命令,在预编译时仅仅是进行字符替换。符号常量不占内存,只是一个临时符号,在预编译后这个符号就不存在了,故符号常量的值在其作用域内不能更改,也不能重新赋值。习惯上符号常量的标识符用大写字母,变量标识符用小写字母,以示区别。

2.2.1.2　变量

1. 变量的定义及命名规则

变量即在程序的运行过程中,其值可以改变的量。使用变量前必须先定义后使用。变量的定义格式如下:

数据类型　变量名;

例如:

```
int x ;
```

也可以同时定义几个同类型的变量,用英文下的逗号隔开即可。

例如:

```
int x,y,z;
```

一般变量的定义放在函数体的开头部分。

变量名的命名规则:

① 变量名必须是由字母、数字及下划线组成的字符串;

② 变量名不能以数字作为第一个字符;

③ 变量名不能使用关键字;

④ 变量名区分大小写字母，如 add、Add 和 ADD 是不同的变量名。

2. 变量的数据类型

在应用程序中，由于数据存储时所需要的存储空间不同，为了区分不同的数据，需将数据分为不同的数据类型。C 语言中的数据类型可分为四种：基本数据类型、构造类型、指针类型和空类型。如图 2-1 所示。

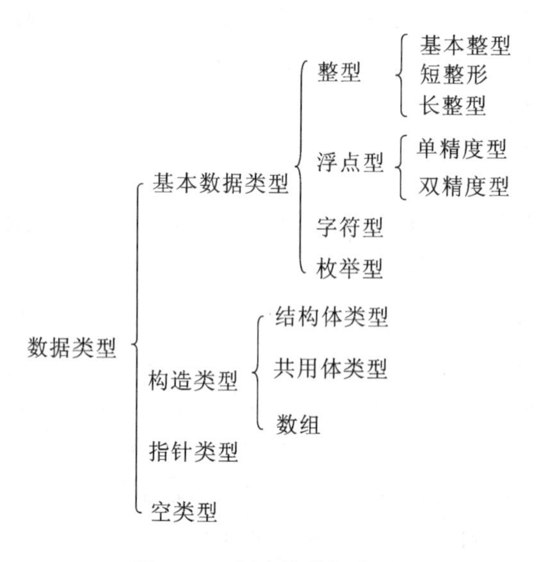

图 2-1　C 语言的数据类型

(1) 整型变量

整型就是一个不包含小数部分的数。在 C 语言中，整型变量根据其占用内存字节数的不同分为以下三种类型：

① 基本整型，类型关键字为 int。

② 短整型，类型关键字为 short [int]。

③ 长整型，类型关键字为 long [int]。

在上述三种类型前加上无符号整型标记 unsigned，则只能用来存储无符号整数。于是又有下列类型的整型变量：

① 无符号基本整型，类型关键字为 unsigned int。

② 无符号短整型，类型关键字为 unsigned short [int]。

③ 无符号长整型，类型关键字为 unsigned long [int]。

C 语言中没有规定以上各种数据占有内存的字节数，只要求一个 short 型数据不长于一个 int 型数据，一个 int 型数据又不长于一个 long 型数据。具体实现由各计算机系统自行决定。表 2-3 列出了在 32 位计算机上整型变量数据的取值范围。

表 2-3　在32位计算机上整型变量数据的取值范围

类型	类型说明符	长度	数的范围
基本整型	int	4字节	−2147483648～2147483647
短整型	short	2字节	−32768～32767
长整型	long	4字节	−2147483648～2147483647
无符号基本整型	unsigned	4字节	0～4294967295
无符号短整型	unsigned short	2字节	0～65535
无符号长整型	unsigned long	4字节	0～4294967295

注意：整型变量的各种类型，在编程中一定要注意，不要让一个整型变量超出该类型的取值范围。

【例 2-2】

```
#include<stdio.h>
void main()                        /*求两数和主函数 */
{
    short a,b,c;                   /*说明 a、b、c 为短整型变量 */
    a= 32767;                      /*为变量 a 赋最大值 */
    b= 3;                          /*为变量 b 赋值 */
    c= a+ b;                       /*计算 a+ b 并将结果赋值给变量 c */
    printf("c=%d\n",c);            /*  输出变量 c 的值 */
}
```

上机运行结果为：−32766。

【例 2-3】

```
#include<stdio.h>
void main()
  {
    long a,b,c;                    /*说明 a、b、c 为长整型变量 */
    a=32767;
    b=3;
    c=a+b;
  printf("c=%ld\n",c);             /*按长整型格式输出变量 c 的值 */
  }
```

上机运行结果为：32770。

上面两个例子变量类型不一样，运行结果不一样，例2-3才是正确的结果，为什么会出现这种情况呢？例2-2中a和b的值都没有超出短整型数的表示范围，而a加b后应得到32770，这个数已经超出了短整型数的表示范围(表2-3)，称为溢出。但这种溢出在内存变量c中的表现形式正好是数值－32766的补码形式，当输出变量c的内容时自然就输出了－32766，造成结果错误。这就是数据溢出导致的结果。对于这种问题，系统往往不给出错误提示，而是要靠正确使用类型说明来保证其正确性。所以要求对数据类型的使用要仔细，对运算结果的数量级要有基本估计。

(2) 实型变量

实型变量也可以称为浮点型变量，浮点型变量是用来存储小数数值的。在C语言中，浮点型变量分为两种：单精度浮点数(float)、双精度浮点数(double)，但是double型变量所表示的浮点数比float型变量所表示的更精确。

例如：

```
float  x,y,z;
double a,b,c ;
```

注意：单精度实型变量分配4个字节的存储单元，其数值范围在$-3.4\times10^{38}\sim3.4\times10^{38}$之间，并提供7位有效数字。双精度实型变量分配8个字节的存储单元，其数值范围在$-1.7\times10^{308}\sim1.7\times10^{308}$之间，并提供15～16位有效数字。

【例2-4】

```
#include<stdio.h>
void main()
{
  float a;
  double b;
  a=33333.33333;
  b=33333.3333333333333;
  printf("%f\n%f\n",a,b);
}
```

运行结果如图2-2所示。

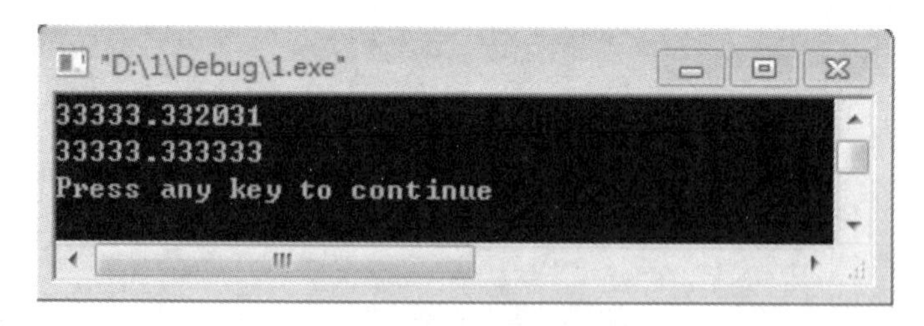

图2-2　例2-4运行结果

从图2-2可以看出：由于a是单精度浮点型，有效位数只有7位。而整数已占五位，故小数点2位之后均为无效数字。b是双精度型，有效位数为16位。但C语言规定小数后最多保留6位，其余部分四舍五入。由此可见，由于机器存储的限制，使用实型数据会产生一些误差，运算次数愈多，误差积累就愈大，因此要注意实型数据的有效位数，合理使用不同的类型，尽可能减小误差。

(3) 字符变量

字符变量是用来存放字符常量的，一个字符变量只能放一个字符，而不是一个字符串。它的类型关键字为 char，字符变量占用一个字节的内存单元。例如：

```
char c1,c2;              /*定义两个字符变量:c1 和 c2*/
c1='a';c2='b';           /*给字符变量赋值*/
```

将一个字符常量存储到一个字符变量中，实际上是将该字符的 ASCII 码值(无符号整数)存储到字符内存单元中，其形式与整数的存储形式是一样的，因此 C 语言允许字符型数据与整型数据之间通用，并且允许对字符型数据进行算术运算，这些都是通过对它们的 ASCII 码值进行算术运算来完成的。

【例 2-5】 将字母进行大、小写转换，并输出转换结果和字母的 ASCII 码值。

程序如下：

```
/*下列程序对字符型数据进行算术运算并输出字符变量的字符形式及整数形式。*/
#include<stdio.h>
void main()
{
char c1, c2;
c1='a'; c2='B';
c1=c1-32; c2=c2+32;                        //字母的大、小写转换
printf("c1=%c, c2=%c\n", c1, c2);          //以字符形式输出字符变量
printf("c1=%d, c2=%d\n", c1, c2);          //以整数形式输出字符变量
}
```

程序运行结果如图 2-3 所示。

图 2-3　例 2-5 运行结果

由程序运行结果可知，一个字符型数据，既可以以字符形式输出，也可以以整数形式输出。

2.2.2　数据类型转换

变量的数据类型是可以转换的。转换的方法有两种：一种是自动转换；另一种是强制转换。自动转换发生在不同数据类型的量混合运算时，由编译系统自动完成。自动转换遵循以下规则：

① 若参与运算量的类型不同，则先转换成同一类型，然后进行运算。

② 转换按数据长度增加的方向进行，以保证精度不降低。如 int 型和 long 型运算

时，先把 int 量转成 long 型后再进行运算。

③ 所有的浮点运算都是以双精度进行的，即使仅含 float 单精度量运算的表达式，也要先转换成 double 型，再作运算。

④ char 型和 short 型参与运算时，必须先转换成 int 型。

⑤ 在赋值运算中，赋值号两边量的数据类型不同时，赋值号右边量的类型将转换为左边量的类型。如果右边量的数据类型长度比左边长时，将丢失一部分数据，这样会降低精度，丢失的部分按四舍五入规则向前舍入。图 2-4 表示了变量数据类型自动转换的规则。

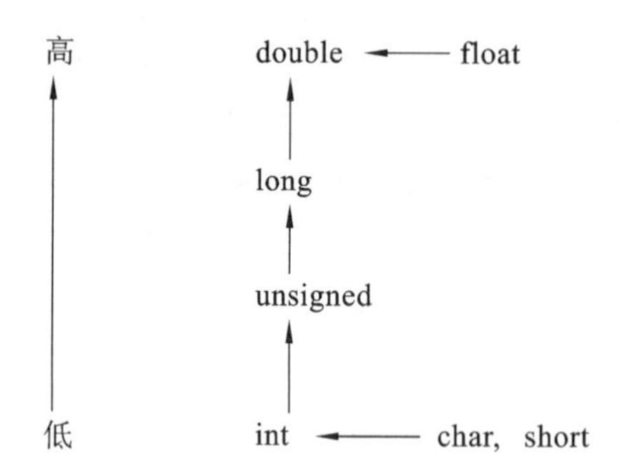

图 2-4　变量数据类型自动转换规则

【例 2-6】

```
#include<stdio.h>
void main()
{
float PI=3.14159;
int s,r=5;
s=r*r*PI;
printf("s=%d\n",s);
}
```

本例程序中，PI 为实型；s，r 为整型。在执行 s=r * r * PI 语句时，r 和 PI 都转换成 double 型计算，结果也为 double 型。但由于 s 为整型，故赋值结果仍为整型，舍去了小数部分。

除自动转换外，C 语言也允许编程者在需要时把某种类型表达式的数据临时转换成另一种类型的数据，称为强制转换。

数据类型强制转换的一般格式为：

(要转换成的数据类型)(被转换的表达式)

其功能是把表达式的运算结果强制转换成类型说明符所表示的类型。

例如：

```
(float) a;          /*把 a 转换为实型*/
(int)(x+y);         /*把 x+y 的结果转换为整型*/
```

在使用强制转换时应注意以下问题：

注意：① 类型说明符和表达式都必须加括号(单个变量可以不加括号)，如：把(int)(x+y)写成(int)x+y，则成了把x转换成int型之后再与y相加了。

② 无论是强制转换或是自动转换，都只是为了本次运算的需要而对变量的数据长度进行的临时性转换，而不改变数据说明时对该变量定义的类型。如：(double)a只是将变量a的值转换成一个double型的中间量，变量a的数据类型并未转换成double型。

【例2-7】

```
#include<stdio.h>
void main()
{
  float f=5.75;
  printf("(int)f=%d,f=%f\n",(int)f,f);
}
```

本例表明，f虽强制转为int型，但只在运算中起作用，是临时的，而f本身的类型并不改变。因此，(int)f的值为5(删去了小数)，而f的值仍为5.75。

2.3　运算符与表达式

C语言的主要特点之一是具有丰富的运算符和表达式，这使得C语言功能十分完善。C语言的运算符不仅具有不同的优先级，而且还有一个特点，就是它的结合性。在表达式中，各运算量参与运算的先后顺序不仅要遵守运算符优先级别的规定，还要受运算符结合性的制约，以便确定是自左向右进行运算还是自右向左进行运算。

C语言的运算符有以下几类：

① 算术运算符；

② 赋值运算符；

③ 关系运算符、条件运算符、逗号运算符；

④ 位运算符。

2.3.1　算术运算符与算术表达式

1. 基本算术运算符

C语言规定的基本的算术运算符有：

① 加法运算符或取正值运算符：+。如1+2、+2。

② 减法运算符或取负值运算符：-。如2-1、-2。

③ 乘法运算符：*。如 1*2。

④ 除法运算符：/。如 5/2。C语言规定：两个整数相除，其商为整数，小数部分被舍弃（即舍尾取整），如 5/2=2。如果操作数中有负数，取整通常采取"向零取整"的方法。如 5/(−3)=−1。

⑤ 求余运算符，或称模运算符：%。运算符两边均要求是整数，否则出错，其结果是两个整数相除的余数，如 9%5，结果为 4。

2. 算术表达式和运算符的优先级与结合性

(1) 表达式的概念

用运算符和括号将运算对象（常量、变量和函数等）连接起来组成符合C语言语法规则的式子称为表达式。一个表达式有一个值及其类型，它们等于计算表达式所得结果的值和类型。单个常量、变量或函数可以看作是表达式的一种特例。将单个常量、变量或函数构成的表达式称为简单表达式，其他表达式称为复杂表达式。

(2) 算术表达式的概念

算术表达式即用算术运算符和括号将运算对象（也称操作数）连接起来的、符合C语言语法规则的表达式。以下是算术表达式的例子：

```
a+b
(a*2)/c
(x+r)*8-(a+b)/7
++i
sin(x)+sin(y)
(++i)-(j++)+(k--)
```

(3) 运算符的优先级

所谓运算符优先级是指表达式中出现多个运算符时，运算符执行的先后次序，例如先乘除后加减。

(4) 运算符的结合性

所谓结合性是指当一个操作数两侧的运算符具有相同的优先级时运算对象与运算符的结合顺序，即该操作数是先与左边的运算符结合还是先与右边的运算符结合。

C语言中各运算符的结合性分为两种，即左结合性（自左至右）和右结合性（自右至左）。例如算术运算符的结合性是自左至右，即先左后右。如有表达式 x−y+z 则 y 应先与"−"号结合，执行 x−y 运算，然后再执行 +z 的运算。这种自左至右的结合方向就称为"左结合性"。而自右至左的结合方向称为"右结合性"。最典型的右结合性运算符是赋值运算符。如 x=y=z，由于"="的右结合性，应先执行 y=z 再执行 x=(y=z)运算。C语言运算符中有不少为右结合性，应注意区别，以避免理解错误。

算术运算符的优先级和结合性如表 2-4 所示。

表 2-4　算术运算符的优先级和结合性

运算种类	结合性	优先级
++、--、-(取负)	从右向左	高 ↓ 低
*、/、% +、-(减法)	从左向右 从左向右	

2.3.2　赋值运算符与赋值表达式

1. 赋值运算符

简单赋值运算符和表达式：简单赋值运算符记为“=”。由“= ”连接的式子称为赋值表达式，其一般形式为：

　　变量=表达式

例如：

```
x=a+b
w=sin(a)+sin(b)
```

赋值表达式的功能是计算表达式的值再赋予左边的变量。赋值运算符具有右结合性。因此

```
a=b=c=5
```

可理解为

```
a=(b=(c=5))
```

在其他高级语言中，赋值构成了一个语句，称为赋值语句。而在 C 语言中，把“=”定义为运算符，从而组成赋值表达式。凡是表达式可以出现的地方均可出现赋值表达式。

例如，式子：

```
x=(a=5)+(b=8)
```

是合法的。它的意义是把 5 赋予 a，8 赋予 b，再把 a，b 相加，和赋予 x，故 x 应等于 13。

在 C 语言中也可以组成赋值语句，按照 C 语言规定，任何表达式在其末尾加上分号就构成为语句。因此如

```
x=8;a=b=c=5;
```

都是赋值语句，在前面各例中已大量使用过了。

如果表达式值的类型与被赋值变量的类型不一致，但都是数值型或字符型时，系统自动地将表达式的值转换成被赋值变量的数据类型，然后赋给变量。具体有以下几种情况：

① 将实型数据(单、双精度实数)赋给整型变量时，舍弃实数的小数部分，在内存中以整数形式存放，如 a 为整型变量，运行“a=1.56;”的结果是 a 的值为 1。

② 将整型数据赋给单、双精度变量时，数值不变，但以浮点形式存放在变量的存储单元中。如有 a=12，而 a 是 float 变量，运行时，先将 12 转换成 12.00000，然后再存放到 a 中。若 a 是 double 型变量，则先将 12 转换成 12.0000000000000，再以双精度浮点数形式存放到变量 a 中。

③ 将一个双精度数据赋给一个单精度变量时，截取前面 7 位有效数字存放到单精度变量的存储单元中，但要注意范围不能溢出。如：

```
float f;
double d=123.456789e100;
f=d;
```

就会出现溢出错误。

【例 2-8】

```
#include<stdio.h>
void main()
{
int a,b=322;
float x,y=8.88;
char c1='k',c2;
a=y;
x=b;
a=c1;
c2=b;
printf("%d,%f,%d,% c",a,x,a,c2);
}
```

2. 赋值表达式

(1) 赋值表达式

由赋值运算符或复合赋值运算符将一个变量和一个表达式连接起来而形成的表达式称为赋值表达式。赋值表达式的一般格式为：

＜变量＞＜(复合)赋值运算符＞＜表达式＞

(2) 赋值表达式的求解过程

将赋值运算符右侧表达式的值赋给左边的变量，赋值表达式的值就是被赋值变量的值。任何一个表达式都有一个值，赋值表达式也不例外。

3. 复合赋值运算符

复合赋值运算符是由赋值运算符“=”之前再加上一个双目运算符构成的，一般形式为：

变量双目运算符＝表达式　　等价于　　变量＝变量运算符表达式

例如：

```
a+=5        等价于    a=a+5
x*=y+7      等价于    x=x*(y+7)
r%=p        等价于    r=r%p
```

C语言规定了如下10种复合赋值运算符：

＋＝，－＝，＊＝，/＝，%＝　　　　(复合算术运算符(5个))

&＝，∧＝，1＝，<<＝，>>＝　　　　(复合位运算符(5个))。

复合赋值运算符这种写法，对初学者可能不习惯，但十分有利于编译处理，能提高编译效率并产生质量较高的目标代码。

2.3.3　关系运算符与关系表达式

1. 关系运算符

在C语言中有以下关系运算符，如表2-5所示。

表2-5　关系运算符

关系运算符	关系表达式	说明	优先级	
<	x<y	小于	同级	高↓低
<=	x<=y	小于或等于		
>	x>y	大于		
>=	x>=y	大于或等于		
==	x==y	等于	同级	
!=	x!=y	不等于		

关系运算符都是双目运算符，其结合性均为左结合。关系运算符的优先级低于算术运算符，高于赋值运算符。在六个关系运算符中，<、<=、>、>=的优先级相同，并高于==和!=的优先级，==和!=的优先级相同。

2 .关系表达式

关系表达式的一般形式为：

　　表达式　关系运算符　表达式

例如：

```
a+b>c-d
x>3/2
'a'+1<c
-i-5*j==k+1
```

都是合法的关系表达式。由于表达式也可以是关系表达式，因此也允许出现嵌套的情况。例如：

```
a>(b>c)
a!=(c==d)
```

关系表达式的值是“真”和“假”，用“1”和“0”表示。如 5>0 的值为“真”，即为 1。(a=3)>(b=5)，由于 3>5 不成立，故其值为假，即为 0。

思考：a=3，b=2，c=1 则 f=a>b>c 的值是多少？

【例 2-9】

```
#include<stdio.h>
void main()
{
char c='k';
int i=1,j=2,k=3;
float x=3e+5,y=0.85;
printf("%d,%d\n",'a'+5<c,-i-2*j>=k+1);
printf("%d,%d\n",1<j<5,x-5.25<=x+y);
printf("%d,%d\n",i+j+k==-2*j,k==j==i+5);
}
```

程序运行结果如图 2-5 所示。

图 2-5　例 2-9 程序运行结果

程序说明：在本例中求出了各种关系运算符的值。字符变量是以它对应的 ASCII 码参与运算的。对于含多个关系运算符的表达式，如 k==j==i+5，根据运算符的左结合性，先计算 k==j，该式不成立，其值为 0；再计算 0==i+5，也不成立，故表达式值为 0。

2.3.4　逻辑运算符与逻辑表达式

1. 逻辑运算符

C 语言提供了三种逻辑运算符：&&(与运算)，||(或运算)，!(非运算)。&& 和|| 均为双目运算符，具有左结合性。! 为单目运算符，具有右结合性。

2. 逻辑运算符优先级

逻辑运算符的优先级关系如表 2-6 所示。

表 2-6　逻辑运算符优先级

运算符	名称	例子	逻辑运算	优先级
!	逻辑非	!a	非 a	高
&&	逻辑与	a&&b	a 与 b	↓
||	逻辑或	a||b	a 或 b	低

按照运算符的优先顺序可以得出：

```
a>b && c>d        等价于    (a>b)&&(c>d)
!b==c||d< a       等价于    ((!b)==c)||(d<a)
a+b>c&&x+y<b      等价于    ((a+b)>c)&&((x+y)<b)
```

3. 逻辑运算的值

逻辑运算的值也为“真”和“假”两种，用“1”和“0 ”来表示。其求值规则如下：

① 与运算 &&：参与运算的两个量都为真时，结果才为真，否则为假。

例如：

```
5>0 && 4>2
```

由于 5>0 为真，4>2 也为真，相与的结果也为真。

② 或运算||：参与运算的两个量只要有一个为真，结果就为真。两个量都为假时，结果为假。

例如：

```
5>0||5>8
```

由于 5>0 为真，相或的结果也就为真。

③ 非运算!：参与运算量为真时，结果为假；参与运算量为假时，结果为真。

例如：

```
!(5>0)
```

其结果为假。

虽然 C 语言编译在给出逻辑运算值时，以“1”代表“真”，“0 ”代表“假”。但反过来在判断一个量是为“真”还是为“假”时，以“0”代表“假”，以非“0”的数值作为“真”。

例如：由于 5 和 3 均为非“0”因此 5&&3 的值为“真”，即为 1。

又如：

5||0 的值为“真”，即为 1。

4. 逻辑表达式

逻辑表达式的一般形式为：

　　表达式　逻辑运算符　表达式

其中的表达式可以又是逻辑表达式，从而组成了嵌套的情形。

例如：

```
(a&&b)&&c
```

根据逻辑运算符的左结合性，上式也可写为：

```
a&&b&&c
```

逻辑表达式的值是式中各种逻辑运算的最后值，以“1”和“0”分别代表“真”和“假”。

【例 2-10】

```
#include<stdio.h>
void main()
{
char c='k';
int i=1,j=2,k=3;
float x=3e+5,y=0.85;
printf("%d,%d\n",!x*!y,!!!x);
printf("%d,%d\n",x||i&&j-3,i<j&&x<y);
printf("%d,%d\n",i==5&&c&&(j=8),x+y||i+j+k);
}
```

本例中!x和!y分别为0，!x*!y也为0，故其输出值为0。由于x为非0，故!!!x的逻辑值为0。对x|| i && j−3式，先计算j−3的值为非0，再求i && j−3的逻辑值为1，故x||i&&j−3的逻辑值为1。对i<j&&x<y式，由于i<j的值为1，而x<y为0故表达式的值为1、0相与，最后为0，对i==5&&c&&(j=8)式，由于i==5为假，即值为0，该表达式由两个与运算组成，因此整个表达式的值为0。对于式x+y||i+j+k，由于x+y的值为非0，故整个或表达式的值为1。

注意：表达式从左至右扫描计算，并不是所有的逻辑运算符都被执行，只有在必须执行下一个逻辑运算符才能求出解时，才执行该运算符。

如a&&b&&c，a为假时，b和c就不再判断。

【例 2-11】

```
#include<stdio.h>
void main()
{
int i= 1,j=2,k=3;
if(i++==1&&(++j==3)||k++==3)
printf("%5d%5d%5d\n",i,j,k);
}
```

输出结果如图2-6所示。

```
    2    3    3
Press any key to continue
```

图 2-6　例 2-11 程序运行结果

2.3.5　条件运算符与条件表达式

1. 条件运算符

条件运算符为“?”和“:”，它是一个三目运算符，即有三个参与运算的量。

2. 条件表达式

(1) 一般形式

由条件运算符组成条件表达式的一般形式为

表达式1? 表达式2:表达式3

(2) 求值规则

条件表达式的求值规则为：如果表达式1的值为真，则以表达式2的值作为整个条件表达式的值，否则以表达式3的值作为整个条件表达式的值。

(3) 条件表达式的使用

条件表达式通常用于赋值语句之中。如条件语句：

```
if(a>b)
    max=a;
else
    max=b;
```

可用条件表达式写为

```
max=(a>b)?a:b;
```

执行该语句的语义是：如果a>b为真，则把a赋予max，否则把b赋予max。

使用条件表达式时，还应注意以下几点：

① 条件运算符的运算优先级低于关系运算符和算术运算符，但高于赋值运算符。因此

```
max=(a>b)?a:b
```

可以去掉括号而写为

```
max=a>b?a:b
```

② 条件运算符由“?”和“:”组成，是一对运算符，不能分开单独使用。

③ 条件运算符的结合方向是自右至左。例如：

```
a>b?a:c>d?c:d
```

应理解为：a>b?a:(c>d?c:d)，这也就是条件表达式嵌套的情形，即其中的表达式又是一个条件表达式。

【例2-12】 求两个整数的最大值。

```
#include<stdio.h>
void main()
    {
    int a, b, max;
```

```
printf("\n input two numbers: ");
scanf("%d%d", &a, &b);
printf("max=%d", a>b?a:b);
}
```

程序运行结果如图 2-7 所示。

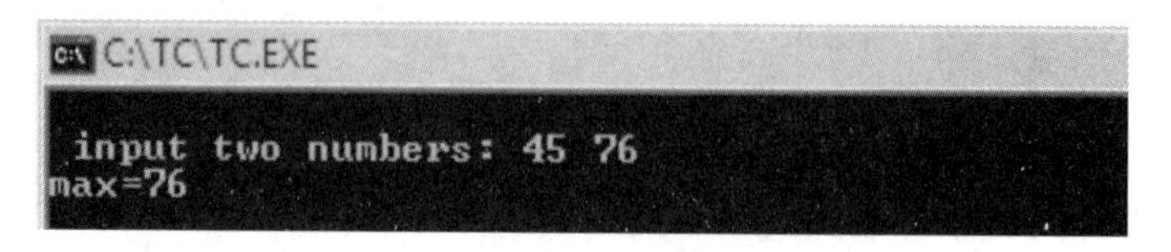

图 2-7　例 2-12 程序运行结果

2.3.6　逗号运算符与逗号表达式

C语言提供一种用“,”连接起来的式子,称为逗号表达式。逗号运算符又称顺序求值运算符。

1. 逗号表达式的一般形式及求解过程

逗号表达式的一般形式为

表达式 1,表达式 2,…,表达式 n

逗号表达式的求解过程:由逗号隔开的一系列表达式自左至右依次计算各表达式的值,“表达式 n”即最后一个表达式的值为整个逗号表达式的值。

2. 逗号在C语言中不同情况下的作用

并不是任何地方出现的逗号都是逗号运算符。很多情况下,逗号仅用作分隔符。

(1) 逗号在变量说明表和初始值表中起分隔作用。例如:

```
int  x,y,z[6];
```

(2) 在函数的参数表中,逗号作为各参数的分隔符。例如:语句

```
printf("%d, %d, %d", x, y, z);
```

中的逗号是分隔符。但是如果改为

```
printf("%d, %d, %d", (x, y, z) , y, z);
```

则“(x, y, z)”就是一逗号表达式,即该括号中的逗号是逗号运算符,其值是 z 的值。最后两个逗号是分隔符,表示有三个输出项。

3. 逗号作为运算符中较低的优先级

逗号作为运算符在所有运算符中级别是最低的。因此需要注意以下两个表达式的计算:

(1) x=(a=1, 2 * 3):此式的运算是将一个逗号表达式的值赋给变量 x,即 x=6。

(2) x=a=1, 2 * 3:此式是一个逗号表达式,变量 x 为 1,即 x=1,而逗号表达式的值

为6。

对于逗号表达式还要说明两点：

① 逗号表达式一般形式中的表达式1和表达式2也可以是逗号表达式。

例如：

表达式1,(表达式2,表达式3)

形成了嵌套情形。因此可以把逗号表达式扩展为以下形式：

表达式1,表达式2,…,表达式n

整个逗号表达式的值等于表达式n的值。

② 程序中使用逗号表达式，通常是要分别求逗号表达式内各表达式的值，并不一定要求整个逗号表达式的值。

2.3.7　自增自减运算符

使单个变量的值增1的运算符称为自增运算符，用“＋＋”表示。使单个变量的值减1的运算符称为自减运算符，用“－－”表示。

自增和自减运算符的用法与运算规则有以下两点：

① 前置运算——运算符放在变量之前，运算式为

＋＋变量、－－变量

先使变量的值增(或减)1，然后再以变化后的值参与其他运算，即先增减，后运算。

② 后置运算——运算符放在变量之后，运算式为

变量＋＋、变量－－

变量先参与其他运算，然后再使变量的值增(或减)1，即先运算，后增减。

【例2-13】 自增、自减运算符使用。

```
/*功能:自增、自减运算符的用法与运算规则示例*/
main()
{int x=1, y;
    printf("x=%d\n", x);                    /*输出x的初值*/
    y=++x;                                  /*前置运算*/
    printf("y=++x:x=%d, y=%d\n", x, y);
    y=x--;                                  /* 后置运算* /
    printf("y=x--:x=%d, y=%d\n", x, y);}
```

运行结果如图2-8所示。

```
C:\TC\TC.EXE
x=1
y=++x:x=2,y=2
y=x--:x=1,y=2
```

图2-8　例2-13程序运行结果

注意：① 自增、自减运算常用于循环语句中，使循环控制变量增(或减)1；也常用于指针变量中，使指针指向下(或上)一个地址。

② 自增、自减运算符只能用于变量，不能用于常量和表达式。像 2++和--(a+b)等都是非法的。

③ 自增、自减运算符的结合方向是"自右向左"。如表达式--i++等价于--(i++)。在表达式运算中，连续使同一变量进行自增或自减运算时，很容易出错，所以最好避免这种用法。

2.3.8　位运算符

前面介绍的各种运算都是以字节作为最基本位进行的。但在很多系统程序中常要求在位(bit)一级进行运算或处理。C 语言提供了位运算的功能，这使得 C 语言也能像汇编语言一样用来编写系统程序。C 语言的位运算符主要有：

&　　按位与

|　　按位或

∧　　按位异或

~　　求反

<<　　左移

>>　　右移

1. 按位与运算

按位与运算符"&"是双目运算符。其功能是参与运算的两数各对应的二进位相与。只有对应的两个二进位均为 1 时，结果位才为 1，否则为 0。参与运算的数以补码方式出现。

例如：9&5 可写算式如下：

00001001　　(9 的二进制补码)

&

00000101　　(5 的二进制补码)

00000001　　(1 的二进制补码)

可见 9&5=1。程序参见例 2-14。

按位与运算通常用来对某些位清 0 或保留某些位。例如把 a 的高八位清 0，保留低八位，可作 a&255 运算(255 的二进制数为 0000000011111111)。

【例 2-14】

```
#include<stdio.h>
void main()
```

```
{
int a=9,b=5,c;
c=a&b;
printf("a=%d\nb=%d\nc=%d\n",a,b,c);
}
```

2. 按位或运算

按位或运算符“|”是双目运算符。其功能是参与运算的两数各对应的二进位相或。只要对应的两个二进位有一个为 1 时，结果位就为 1。参与运算的两个数均以补码出现。

例如：9|5 可写算式如下：

```
  00001001
| 00000101
----------
  00001101
```

(十进制为 13)可见 9|5＝13，见例 2-15。

【例 2-15】

```
#include<stdio.h>
void main()
{
int a=9,b=5,c;
c=a|b;
printf("a=%d\nb=%d\nc=%d\n",a,b,c);
}
```

3. 按位异或运算

按位异或运算符“∧”是双目运算符。其功能是参与运算的两数各对应的二进位相异或，当两对应的二进位相异时，结果为 1。参与运算数仍以补码出现，例如 9∧5 可写成算式如下：

```
  00001001
∧ 00000101
----------
  00001100
```

(十进制为 12)，见例 2-16。

【例 2-16】

```
#include<stdio.h>
void main()
{
int a=9;
      a=a∧5;
printf("a=%d\n",a);
}
```

4. 求反运算

求反运算符“～”为单目运算符，具有右结合性。其功能是对参与运算的数的各二进位按位求反。

例如～9 的运算为：

～(0000000000001001)结果为：1111111111110110

5. 左移运算

左移运算符“＜＜”是双目运算符。其功能是把“＜＜”左边的运算数的各二进位全部左移若干位，由“＜＜”右边的数指定移动的位数，高位丢弃，低位补 0。

例如：

```
a<<4
```

指把 a 的各二进位向左移动 4 位。如 a＝00000011(十进制 3)，左移 4 位后为 00110000(十进制 48)。

6. 右移运算

右移运算符“＞＞”是双目运算符。其功能是把“＞＞”左边的运算数的各二进位全部右移若干位，由“＞＞”右边的数指定移动的位数。

例如：

设　a＝15，

```
a>>2
```

表示把 000001111 右移为 00000011(十进制 3)。

应该说明的是，对于有符号数，在右移时，符号位将随同移动。当为正数时，最高位补 0，而为负数时，符号位为 1，最高位是补 0 或是补 1 取决于编译系统的规定。

【例 2-17】

```
#include<stdio.h>
void main()
{
unsigned a,b;
printf("input a number:  ");
scanf("%d",&a);
b=a>>5;
b=b&15;
printf("a=%d\tb=%d\n",a,b);
}
```

运行结果见图 2-9。

```
input a number:    12
a=12     b=0
Press any key to continue
```

图 2-9　例 2-17 运行结果

【例 2-18】

```c
#include<stdio.h>
void main()
{
char a='a',b='b';
int p,c,d;
p=a;
p=(p<<8)|b;
d=p&0xff;
c=(p&0xff00)>>8;
printf("a=%d\nb=%d\nc=%d\nd=%d\n",a,b,c,d);
}
```

运行结果见图 2-10。

```
a=97
b=98
c=97
d=98
Press any key to continue
```

图 2-10　例 2-18 运行结果

【项目小结】

本模块主要介绍了 C 语言的关键字与标识符、基本数据类型、运算符与表达式。变量的数据类型是可以转换的，转换的方法有两种，一种是自动转换，另一种是强制转换。

C 语言还提供了丰富的运算符和表达式，本模块主要介绍了：算术运算符、赋值运算符、关系运算符、条件运算符、逗号运算符和位运算符及其组成的各类表达式。在 C 语言运算时，不同的运算符优先级不同、结合方向也不同。

【上机实验】

登录网站 http://www.dotcpp.com/oj/problemset.html：

在线评测系统第 1003 题。

模块3　顺序和分支

【模块介绍】

本章主要介绍顺序程序结构及选择(分支)程序结构的设计方法与实现,通过此部分的学习,读者将掌握顺序结构程序设计的一般方法,选择(分支)的判定条件及常用的分支实现语句。

【知识目标】

1. 掌握顺序结构程序设计的一般方法;
2. 掌握分支 if 语句;
3. 掌握 switch 语句。

【技能目标】

1. 学会程序设计的基本方法;
2. 巩固使用关系运算符和关系表达式;
3. 巩固使用逻辑运算符和逻辑表达式;
4. 学会单分支和多分支选择结构;
5. 会用多分支选择结构进行程序设计。

【素质目标】

1. 培养学生自主学习探索新知识的意识;
2. 在上机调试程序的过程中,学生能够养成分析错误、独立思考、解决问题的能力;
3. 在面对实际问题的多种选择时,学生能够形成一种运用顺序和选择(分支)结构去解决实际问题的思想。

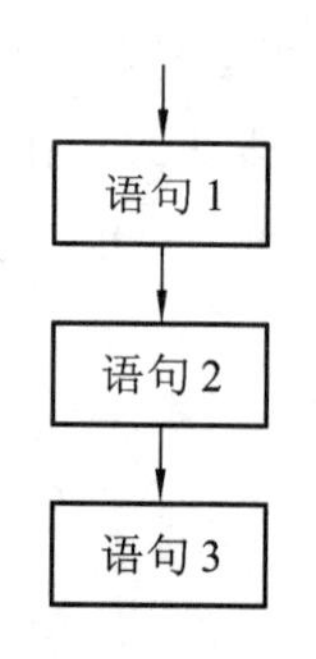

图 3-1　顺序程序结构流程图

3.1　顺序程序结构

程序中的所有语句都是从上到下逐条执行的,这样的程序结构称为顺序结构。顺序结构是程序开发中最常见的一种结构(图 3-1)。

【例 3-1】　输入三角形的三条边,输出其面积。

```
#include<stdio.h>
```

```
#include<math.h>
#define S (a+b+c)/2
void main()
{
float a,b,c,area;
printf("请输入三角形的第一条边:");
scanf("%f",&a);
printf("请输入三角形的第二条边:");
scanf("%f",&b);
printf("请输入三角形的第三条边:");
scanf("%f",&c);
area=sqrt(S*(S-a)*(S-b)*(S-c));
printf("三角形的边长分别为:%f,%f,%f,面积=%f\n",a,b,c,area);
}
```

在例 3-1 中,程序是一种“顺序程序结构”,这种结构的特点是当程序开始执行时,如果没有特殊情况,顺序结构中的每一条语句从头到尾按照书写的先后顺序都执行一遍,且只能执行一遍。对于输入的三条边正好可以构成三角形的情况,程序很顺利就可以求出组成的三角形的面积,但是如果输入的三条边不能构成三角形,这段程序没有判别功能,只能继续执行计算面积公式去计算三角形的面积,所以会出现负数开平方根的情况,最后会得到一个“莫名其妙”的结果。

3.2 节将带领大家去学习如何让程序做出正确的判断从而执行某些程序语句。

3.2　选择结构语句

3.2.1　if 条件语句

在 C 语言中也经常需要对一些条件做出判断,从而决定执行哪一段代码,这时就需要使用选择结构语句。if 条件语句有三种语法格式(图 3-2)。

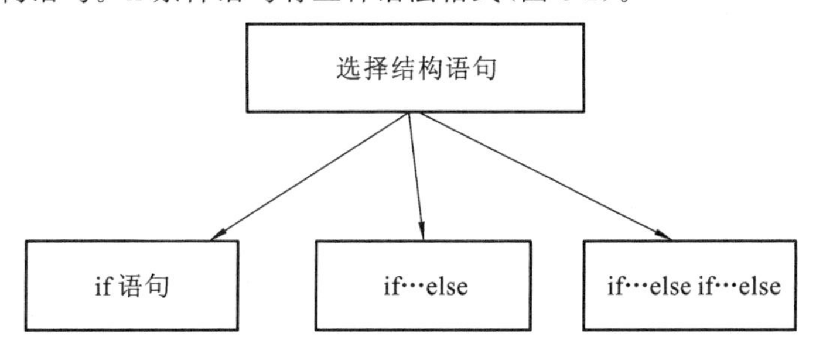

图 3-2　if 语句的三种格式

1. if语句实现单分支选择(图3-3)

语句格式:

if(条件表达式){语句体}

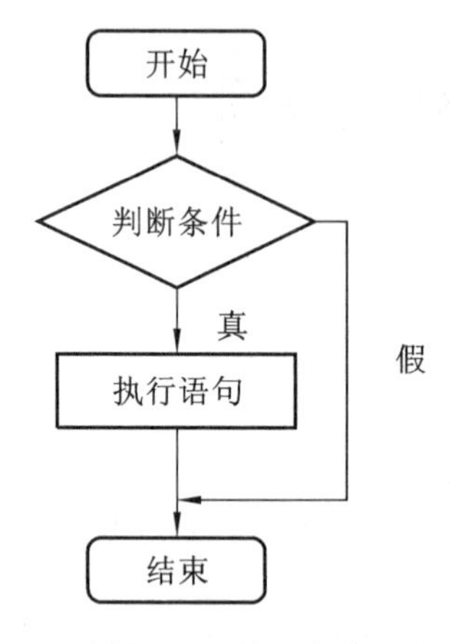

图3-3 if语句单分支流程图

注意:当表达式成立时,默认只有一条执行语句。当if语句条件成立要执行多条语句时,要用{}括起来。

【例3-2】 完善例3-1中输入三角形的三条边,输出其面积。

```
#include<stdio.h>
#include<math.h>
#define S (a+b+c)/2
void main()
{
float a,b,c,area;
printf("请输入三角形的第一条边:");
scanf("%f",&a);
printf("请输入三角形的第二条边:");
scanf("%f",&b);
printf("请输入三角形的第三条边:");
scanf("%f",&c);
if(a+b>c&&a+c>b&&b+c>a)
{area=sqrt(S*(S-a)*(S-b)*(S-c));
printf("三角形的边长分别为:%f,%f,%f,面积=%f\n",a,b,c,area);
}
printf("谢谢使用此程序\n");
}
```

【例 3-3】 儿子对妈妈说:“如果我数学考试得了 100 分,就要给我买一个电话手表。”

```
#include<stdio.h>
void main()
{float score;
scanf("%f",&score);
if(score==100.0)
printf("妈妈给儿子买电话手表");
}
```

课堂练习 1:从键盘上接受一个成绩,如果成绩大于或等于 60,打印输出“恭喜你考试过关”。

课堂练习 2:从键盘输入一个数,判断是否为 0,为 0 的话打印输出此数为 0。

2. if 语句实现双分支选择(图 3-4)

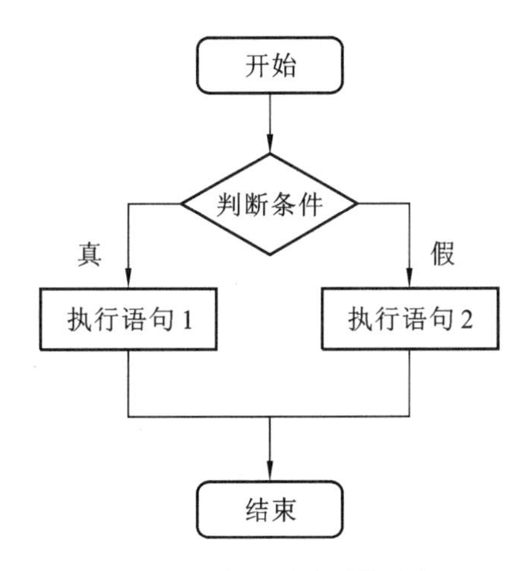

图 3-4　if 语句双分支结构流程图

if…else 语句格式:

```
if(表达式)
    语句 1
else
    语句 2
```

等价于

条件表达式 1? 表达式 2:表达式 3

【例 3-4】 定义一个字符变量 x,从键盘给 x 赋值,如果 x 是小写字母,则输出对应的大写字母,否则原样输出。

第一种程序实现方法:

```
#include<stdio.h>
```

```
void main()
{
char a,b;
printf("请输入一个字符:");
a=getchar();
if(a>=97&&a<=122)
   b=a-32;
else
   b=a;
printf("%c\n",b);
}
```

第二种程序实现方法：

```
#include<stdio.h>
void main()
{
char a,b;
printf("请输入一个字符:");
a=getchar();
b=a>=97&&a<=122?a-32:a;
printf("%c\n",b);
}
```

【例3-5】 打印成绩≥60分为“pass”，否则为“fail”。

方法1：

```
#include<stdio.h>
void main( )
{
float score;
scanf("% f", &score);
if(score<60.0)
printf("score=%5.1f  fail\n", score);
if(score>=60.0)
printf("score=%5.1f  pass\n", score);
}
```

方法2：

```
#include<stdio.h>
void main( )
{
float score;
```

```
scanf("%f", &score);
if(score<60.0)
printf("score=%5.1f---fail\n", score);
else
printf("score=%5.1f---pass\n", score);
}
```

课堂练习3:从键盘输入一个成绩,如果成绩大于或等于60,打印输出"恭喜你考试过关",否则打印输出"非常遗憾没有通过考试,继续加油"。

课堂练习4:从键盘输入一个数,判断是否大于或等于0,如果大于或等于0,打印输出"此数为非负数",否则打印输出"该数是负数"。

3. if语句实现多分支选择(图3-5)

if(条件表达式1)
{语句体1}
else if(条件表达式2)
{语句体2}
else if(条件表达式3)
{语句体3}
…
else if(条件表达式n)
{语句体n}
else
{语句体n+1}

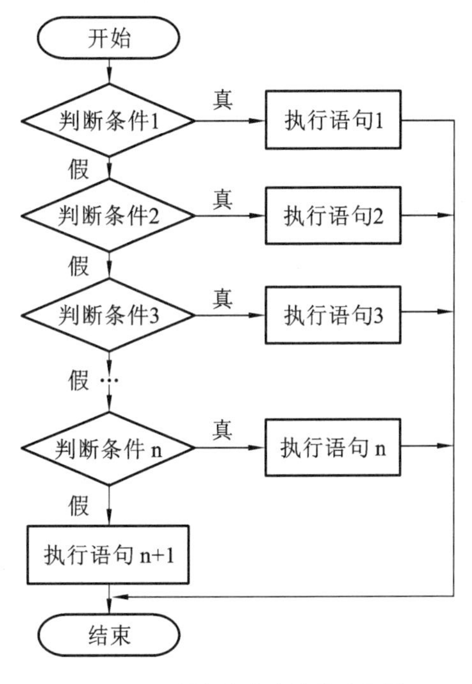

图3-5　if语句多分支结构流程图

其功能是:执行第一个条件表达式的值如果为"真",就执行语句体1;如果第一个条件表达式的值为"假",就去判断第二个条件表达式,依此类推。如果所有的条件表达式的值都为"假",就执行else语句的语句体。如果没有else{语句体n+1},则执行到…处。

在使用多分支的if语句时,注意以下事项:

注意:① else if的数量没有限制,根据实际情况而定。
② 最后的else{语句体n+1}可以没有。

【例3-6】　有一函数

$$y=\begin{cases}x & (x<0)\\ 2x-1 & (0\leqslant x<10)\\ 3x-11 & (x\geqslant 10)\end{cases}$$

写一程序，输入 x 值，输出 y 值。

```
#include<stdio.h>
void main()
{
    int x,y;
    printf("please enter a number:\n");
    scanf("%d",&x);
    if(x<0)
y=x;
    else if(x<10)
y=2*x-1;
    else
y=3*x-11;
    printf("y=%d\n",y);
}
```

【例 3-7】 下面程序段的执行结果是什么呢？

```
#include<stdio.h>
void main( )
{
int a=0,b=0,c=0,d=0;
if(a==1)
b=1;c=2;
else
d=3;
printf("%d,%d,%d,%d\n",a,b,c,d);
}
```

执行结果见图 3-6。

```
--------------------Configuration: 1 - Win32 Debug--------------
Compiling...
1.c
D:\1\1.c(7) : error C2181: illegal else without matching if
执行 cl.exe 时出错.

1.exe - 1 error(s), 0 warning(s)
```

图 3-6　例 3-7 执行结果

注意：if 语句中表达式可以是任意合法的表达式。语句如果是复合语句必须用“{ }”将语句括起来，否则会出错。

课堂练习 5：编程判断输入的正整数是否既能被 3 又能被 7 整除，若能，则输出“可以”；否则输出“不可以”。

课堂练习 6:从键盘上输入 x 的值,并通过如下数学关系求出相应的 y 值。

$$y=\begin{cases}-1 & (x<0)\\ 0 & (x=0)\\ 1 & (x>0)\end{cases}$$

课堂练习 7:给定一个不多于 5 位的正整数,求它是几位数。

课堂练习 8:商场促销,凡购买数量为 50 件或以上的顾客优惠 5%,凡购买数量为 100 件或以上的顾客优惠 7.5%,凡购买数量为 300 件或以上的顾客优惠 10%,凡购买数量为 500 件或以上的顾客优惠 15%。用 if 语句编程,输入单价、数量,输出应付款和优惠折扣。

课堂练习 9:以下程序实现这样的功能:商店卖西瓜,10 斤以上的每斤 0.15 元,8 斤以上的每斤 0.3 元,6 斤以上的每斤 0.4 元,4 斤以上的每斤 0.6 元,4 斤以下的每斤 0.8 元,从键盘输入西瓜的重量和顾客所付钱数,则输出应付款和应找钱数。

3.2.2　if 语句的嵌套

在一个 if 语句中还可以包含一个或多个 if 语句,这称为 if 语句的嵌套(图 3-7)。

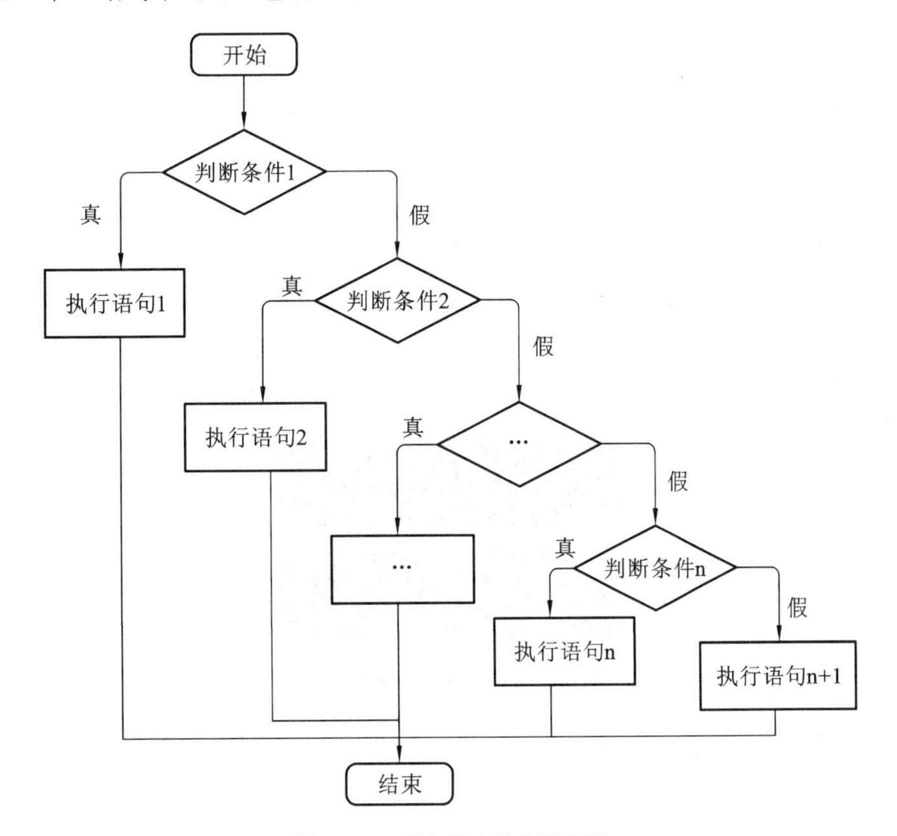

图 3-7　if 语句嵌套执行流程图

选择结构中又包含一个或多个选择结构,称为选择结构的嵌套。格式为:

```
if( )
    if( )      语句 1
    else       语句 2
else
    if( )      语句 3
    else 语句 4
```

【例 3-8】 下面程序段，当 x 的值为 9 时和－9 时其执行结果分别是什么？

```
void main()
{
int a=1,b=0,c=3,y=4,x;
printf("请输入 x 的值:");
scanf("%d",&x);
if(x>0)
   if(a<b&&b!=0)
   y=b;
   else
   y=a;
else
   if(a<c)
   y=0;
   else
   y=1;
printf("y=%d\n",y);
}
```

执行结果如图 3-8 所示。

```
请输入x的值：9
y=1
Press any key to continue
```

```
请输入x的值：-9
y=0
Press any key to continue
```

图 3-8　例 3-8 运行结果

【例 3-9】 键盘输入 2 个整数 a、b，比较二者的大小。

```
#include<stdio.h>
void main()
{
int a,b,c;
```

```
printf("请输入 2 个整数:");
scanf("%d%d",&a,&b);
if(a!=b)
    if(a<b)
printf("%d 小于%d\n",a,b);
    else
printf("%d 大于%d\n",a,b);
else
printf("%d 等于%d\n",a,b);
}
```

课堂练习 10:考虑下面程序的输出结果。

```
#include<stdio.h>
void main()
{
int x=100,a=10,b=20;
int v1=5,v2=0;
if(a<b)
  if(b!=15)
    if(!v1)
     x=1;
    else
      if(v2)
      x=10;
      x=-1;
        printf("%d\n",x);
 }
```

执行结果如图 3-9 所示。

```
-1
Press any key to continue
```

图 3-9　课堂练习 10 输出结果

本例子 a 的初值是 10,b 的初值是 20,a＜b 条件为真,执行其语句体 if(b!＝15)语句,b 的初值是 20,当然不等于 15,条件为假,不再执行 if(b!＝15)的语句体,执行 x＝－1 语句,接着就执行 printf("%d",x);语句,输出结果为－1。本例的注意事项:要清楚 if…else 的配对问题。

课堂练习 11:运输公司对用户计算运费。路程(s)越远,每公里运费越低。标准如下:

s＜250 km 没有折扣

250≤s<500　　2%折扣
500≤s<1000　　5%折扣
1000≤s<2000　　8%折扣
2000≤s<3000　　10%折扣
3000≤s　　15%折扣

设每公里每吨货物的基本运费为 p,货物重为 w,距离为 s,折扣为 d,则总运费 f 的计算公式为:f=p * w * s * (1-d),编写程序,输入路程、基本运费和重量,计算用户应缴纳的总运费。

3.2.3 switch 条件语句

switch 条件语句也是一种常用的选择语句,和 if 条件语句不同,它只能针对某个表达式的值作出判断,从而决定程序执行哪一段代码(图 3-10)。

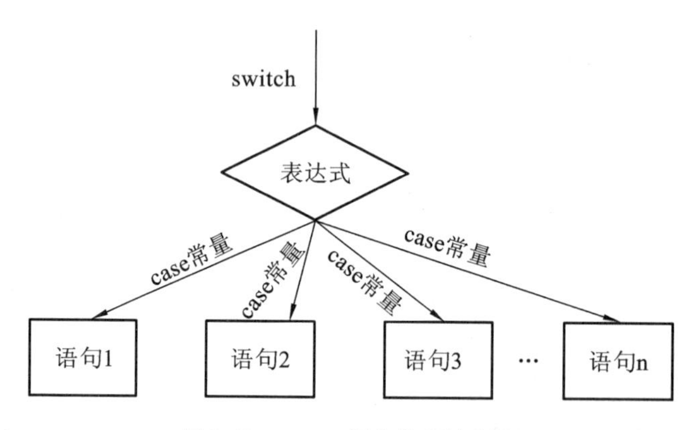

图 3-10　switch 语句执行流程图

1. switch 语句的使用形式

if 语句可以处理多分支,但分支不宜太多,因此,C 语言提供了 switch 语句直接处理多分支选择。

switch 语句的一般形式:

```
switch (表达式)
{
case 常量表达式 1: 语句 1
case 常量表达式 2: 语句 2
⋮          ⋮
case 常量表达式 n: 语句 n
default: 语句 n+1
}
```

switch 语句注意事项:

注意:① switch、case、break、default 都是关键字。

② default 语句至多有一个,但位置可以放在任何 case 之前。

③ 表达式的值只能是整型或字符型。

④ 在执行过程中如果遇到 break 语句,则跳出 switch 语句,否则继续往下执行,直到遇到 break 语句或 switch 语句体被执行完毕为止。

⑤ 在 case 后的各常量表达式的值不能相同,否则会出现错误。

⑥ 在 case 后,允许有多个语句,可以不用{ }括起来。

⑦ 各 case 和 default 子句的先后顺序可以变动,而不会影响程序执行结果。

⑧ default 最多只能有一个,通常出现在 switch 的最后部分,但也可以出现在 case 之间或所有 case 之前。default 子句可以省略。

注:switch 语句中,注意在 case 的语句块后加 break 语句和不加 break 语句的区别,在二级 C 语言考试中,经常考查该类题。另外,考查 default 语句的执行(只有所有 case 后的常量表达式都不成立时,才执行 default 后的语句)。

【例 3-10】 编写程序,要求按照考试成绩的等级输出百分制分数段,用 switch 语句实现。

等级	百分制分数段
A	90～100
B	80～89
C	70～79
D	60～69
E	0～59

```
#include<stdio.h>
void main()
{
char grade;
printf("请输入学生成绩等级:");
scanf("%c",&grade);
switch(grade)
{
case 'A':printf("百分制分数段:90～100\n");break;
case 'B':printf("百分制分数段:80～89\n");break;
case 'C':printf("百分制分数段:70～79\n");break;
case 'D':printf("百分制分数段:60～69\n");break;
case 'E':printf("百分制分数段:0～59\n");break;
default: printf("输入有误!\n");
```

```
    }
  }
```

课堂练习 12:给出一个百分制成绩,要求输出成绩等级"A""B""C""D""E"。

小于 60:"E"

大于或等于 60,且小于 70:"D"

大于或等于 70,且小于 80:"C"

大于或等于 80,且小于 90:"B"

大于或等于 90,且小于或等于 100:"A"

课堂练习 13:这段程序的运行结果是什么?

```
void main()
   {    int x=1,y=0,a=0,b=0;
        switch(x)
        {    case  1:
                          switch(y)
                           {    case 0:   a+ + ;  break;
                                case 1:   b+ + ;  break;
                           }
               case  2:  a++;b++; break;
               case  3:  a++;b++;
        }
       printf("\na=%d,b=%d",a,b);
   }
```

【例 3-11】 考虑下面程序的输出结果。

```
#include<stdio.h>
void main()
{
int y=0,a,z;
printf("请输入 a 的初值:");
scanf("%d",&a);
switch(a/100-3)
{
  case  0:y=10;break;
  case  1:y=20 ;z=10;break;
  case  2:
  case  3:y=30 ; z=20;
  case  4:y=y+z ; break;
  case  5:y++; break;
  default: y=7;
```

```
}
printf(" y=%d ",y);
}
```

当 a＝567 时，结果是什么？

当 a＝2000 时，结果是什么？

执行结果如图 3-11 所示。

```
请输入a的初值：567
 y= 50 Press any key to continue
```

```
请输入a的初值：2000
 y= 7 Press any key to continue
```

图 3-11　例 3-11 输出结果

解析：当整形变量 a 的值为 567 时，a/100－3 值为 2，则程序从 case 2 进入，连续执行 y＝30；z＝20；y＝y＋z；后遇到 break，跳出 switch，然后执行 printf 语句，输出 y＝50。

而当整形变量 a 的值为 2000 时，a/100－3 的值为 17，和任何 case 后面的值都不匹配，只有执行 default 后面的 y＝7 语句，然后结束 switch 语句，执行 printf 语句，输出 y＝7。

【例 3-12】　考虑下面程序的输出结果。

```
void main()
{    int x=1,y=0,a=0,b=0;
switch(x)
{
case 1:
switch(y)
{
case 0:a++; break;
case 1:b++; break;
}
case 2:  a++;b++; break;
case 3:  a++;b++;
}
printf("\na=%d,b=%d\n",a,b);
}
```

执行结果如图 3-12 所示。

```
a=2,b=1
Press any key to continue
```

图 3-12　例 3-12 输出结果

解析：x 的初值是 1，正好程序从 case 1 进入，y 的初值为 0，这时程序从 case 0 进入，a++后 a=1；程序跳出 switch(y)程序语句，但是没有碰到 break 语句，接着直接执行 a++和 b++程序语句，这时 a=2，b=1，执行后碰到 break 语句，跳出 switch(x)程序语句，直接执行 printf("\na=%d,b=%d\n",a,b)语句，打印输出 a=2,b=1。

课堂练习 14：请输入星期几的第一个字母来判断一下是星期几，如果第一个字母一样，则继续判断第二个字母。

课堂练习 15：根据输入字母输出字符串，如果输入 m，则输出 good morning；如果输入 n，则输出 good night；如果输入 h，则输出 hello；其他字符，就输出????????。用 switch 语句编写。

3.2.4　if 语句与 switch 条件语句的异同

if 语句和 switch 语句都用于选择条件下，那么它们又有什么不同呢，本节就来为大家总结一下。

① switch 结构语句只进行相等与否的判断；而 if 结构语句还可以进行大小范围上的判断。

② switch 无法处理浮点数，只能进行整数的判断，case 标签值必须是常量；而 if 语句则可以对浮点数进行判断。

3.3　综合应用

【例 3-13】　万民超市举行开业庆典活动，购物满 58 元即可获赠小礼品一份，购物金额满 158 元即可获 20 元代金券一张，请根据顾客的消费金额，输出顾客获赠情况。

```
#include<stdio.h>
void main()
  {
    float money;
    printf("尊敬的顾客您好,请输入您的消费金额:");
    scanf("%f",&money);
    if(money<158.0)
    {
    if(money>=58.0)
    printf("恭喜您!您购物满 58 元获赠小礼品一份,请凭消费小票到服务台领取!\n");
    }
  else if(money>=158.0)
        printf("恭喜您!您购物满 158 元获 20 元代金券一张,请凭消费小票到服务台领取!\n");
  }
```

运行结果见图 3-13。

```
尊敬的顾客您好，请输入您的消费金额：58
恭喜您！您购物满58元获赠小礼品一份，请凭消费小票到服务台领取！
Press any key to continue
```

```
尊敬的顾客您好，请输入您的消费金额：158
恭喜您！您购物满158元获20元代金券一张，请凭消费小票到服务台领取！
Press any key to continue
```

图 3-13　例 3-13 运行结果

【例 3-14】 小张在银行定期存款 20 万元，根据表 3-1 中定期存款的期限和相应利率，计算本息金额。

表 3-1　定期存款期限及利息表

存款期限	利率	本息金额
3 个月	1.1%	
6 个月	1.3%	
12 个月	1.5%	
24 个月	2.1%	
36 个月	2.75%	
60 个月	3.00%	

方法 1：

```
#include<stdio.h>
void main()
  {
  int time;
  float rate;
  printf("请输入您的存款期限:");
  scanf("%d",&time);
  if(time==3)
    rate=0.011;
  else if(time==6)
    rate=0.013;
  else if(time==12)
    rate=0.015;
  else if(time==24)
    rate=0.021;
  else if(time==36)
    rate=0.0275;
  else if(time==60)
    rate=0.03;
```

```
printf("您存款 20 万元存款%d 个月,本息金额是% f\n",time,200000* (1+ rate));
}
```

方法 2:

```
#include<stdio.h>
void main( )
{
  int time;
  char a;
  float rate;
  printf("请输入您的存款期限:");
  scanf("%d",&time);
   switch(time)
   {
   case 3: rate=0.011;break;
   case 6: rate=0.013;break;
   case 12: rate=0.015;break;
   case 24: rate=0.021;break;
   case 36: rate=0.0275;break;
   case 60: rate=0.03; break;
   }
printf("您存款 20 万元存款%d 个月,本息金额是%f\n",time,200000*(1+rate));
}
```

【项目小结】

本章主要介绍顺序程序结构及选择(分支)程序结构的设计方法与实现,通过此部分的学习,读者将掌握顺序结构程序设计的一般方法,选择(分支)的判定条件及常用的分支实现语句。

【上机实验】

登录网站 http://www.dotcpp.com/oj/problemset.html:

① 在线评测系统第 1002 题。

② 在线评测系统第 1006 题。

③ 在线评测系统第 1007 题。

④ 在线评测系统第 1008 题。

⑤ 在线评测系统第 1009 题。

⑥ 在线评测系统第 1010 题。

⑦ 在线评测系统第 1057 题。

⑧ 在线评测系统第 1058 题。

模块 4　循 环 结 构

【模 块 介 绍】

在现实生活中,在很多事情的处理过程中往往都有重复处理的部分(如全班有 50 个学生,统计各学生三门课的平均成绩),为此人们用计算机解决问题时总结出来循环结构算法,循环结构不仅可以精简程序,还可以提高解决问题的效率,循环控制结构也逐渐成了 C 语言程序的三种控制结构之一。本章主要介绍 C 语言中循环结构的作用及使用方法,主要包括 while 语句、do-while 语句和 for 语句,以及 continue、break 循环控制语句的使用,循环结构的嵌套使用方法。

【知 识 目 标】

1. 了解循环结构的作用和意义;
2. 掌握三种循环结构的特点;
3. 掌握循环结构的功能。

【技 能 目 标】

1. 掌握 while、do-while、for、go to、break、continue 语句的使用方法;
2. 掌握不同循环结构的选择及转换方法;
3. 掌握循环体中的控制命令 break 和 continue 的功能及用法;
4. 掌握循环结构的嵌套使用方法。

【素 质 目 标】

1. 培养学生认真负责的工作态度和严谨细致的工作作风;
2. 培养学生自主学习探索新知识的意识;
3. 培养学生的团队协作精神;
4. 培养学生的诚实守信意识和职业道德。

4.1　用 while 语句实现循环

在日常生活中或是在程序所处理的问题中常常遇到需要重复处理的问题,如准备在操场跑 10 圈,要向计算机输入全班 40 个学生的成绩分别统计全班 40 个学生的平均成绩,求 30 个整数之和,教师检查 30 个学生的成绩是否及格等。

循环语句分为 while 循环语句、do-while 循环语句和 for 循环语句三种。

在循环中，循环条件的修改非常重要，如果循环条件永远成立，循环体语句就会无休止地重复执行下去，这种情况叫"死循环"，在程序设计中是不允许的。所以一个有效的循环必须有结束的时候，即要明确知道循环何时能够终止，循环的合理执行应该是朝着循环终止的方向进行的。

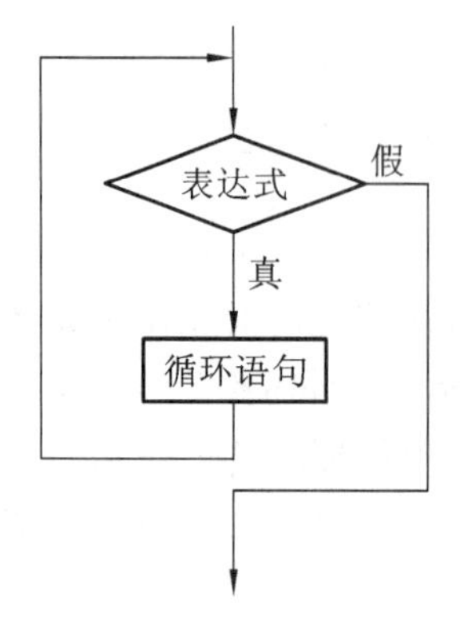

图 4-1 while 语句的逻辑流程图

while 语句用来实现"当满足条件"时执行"具体的步骤"，这样的模型也叫"当型循环"，其一般形式如下。

```
while(表达式)        // 循环条件
  {
  循环体;            // 循环执行步骤
  }
```

while 语句的执行过程是：首先计算表达式的值，当值为"真"时，执行循环语句，当表达式的值为"假"时，自动跳出循环体，结束 while 语句。while 语句结构流程图如图 4-1 所示。

使用 while 语句需要注意以下几点：

① while 语句的特点是先计算表达式的值，然后根据表达式的值决定是否执行循环体中的语句。很显然，若表达式的初始值为 0 时，循环体一次也不执行，直接跳过 while 语句。

② 当循环体为多个语句组成，必须用{ }括起来，形成复合语句。

③ 注意在循环体中应有使循环趋于结束的语句，以避免"死循环"的发生。

【例 4-1】 用 while 语句计算 1＋2＋3＋…＋100。

分析：从 1 累加到 100，其实质是用循环做加法计算。

```
#include<stdio.h>
void main()
{
int i=1, sum=0;
while(i<=100)
{
sum=sum+i;
i++;
}
printf("%d\n",sum);
}
```

运行结果如图 4-2 所示。

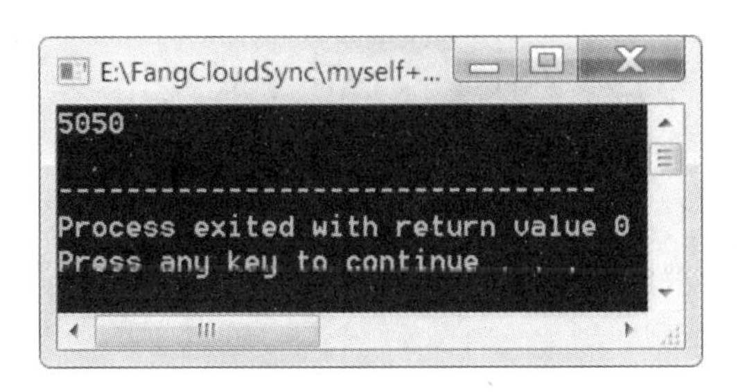

图 4-2　例 4-1 运行结果

关键步骤解释：

① 先定义 i=1(循环初值)，变量 sum 的作用是存放求和后的值，初始化为 0；

② 循环条件是 i<=100，当满足该条件，执行循环语句；

③ 循环体中 sum 存放累加的值，将满足条件的 i 自动加到 sum 中去，为了使 i 不断变化，i 要实现自加(i++)；

④ 如果 i 小于或等于 100，进入循环；否则，不进入循环，直接输出上次循环的结果。

注意：遇到数列求和、求积的一类问题，一般可以考虑使用循环解决。设置循环初值时，对于累加器常常设置为 0，累乘器常常设置为 1。自增、自减运算在循环结构中经常用到。

【例 4-2】 丹灶体育彩票代理中心推出一种抽奖游戏，提供号码 1～10 号给顾客购买，现在要求按升序打印所购买的号码。

```
#include<stdio.h>
void main()
{int i=1;
while(i<=10)
{printf("%6d",i);
i++;
}
}
```

运行结果如图 4-3 所示。

图 4-3　例 4-2 运行结果

课堂练习 1：如果丹灶体育彩票代理中心改变抽奖规则，提供号码 1～n 给顾客购买，n 是每期规定的最大号码，如何实现打印 1～n 号码的程序？

```
#include<stdio.h>
void main()
```

```
{int i=1,n;
printf("请输入本期最大号码");
scanf("%d",&n);
    while(i<=n)
     {printf("%6d",i);
     i++;
     }
}
```

运行结果如图 4-4 所示。

图 4-4　课堂练习 1 运行结果

课堂练习 2:以下程序的运行结果是什么?

```
#include<stdio.h>
void main( )
{ int k=5;
while(--k) printf("%d",k-=3);
printf("\n");
}
```

4.2　用 do-while 语句实现循环

在实际应用中,有时需要先执行循环体语句,然后再对条件进行判断,决定是否继续循环,这种情况用 while 语句就不够方便, C 语言针对此种情况专门设计了 do-while 语句来实现循环控制,与 while 语句最重要的区别在于,do-while 语句在判断循环条件前会先执行一次循环语句。本节将详细介绍 do-while 语句的用法。

在 C 语句中,do-while 语句用来实现循环"执行具体步骤"直到"什么条件"跳出循环,不再执行循环语句,这样的模型也叫"直到型循环"。

do-while 语句的一般形式是:

```
do
    {
    语句:       // 循环部分
    }while(表达式);      //循环条件
```

do-while 语句的执行过程是:先进入循环执行一次,当条件(循环条件)成立(为真)时,继续循环或执行语句(循环体),当条件(循环条件)不成立(为假)时,跳出循环结构,循环结束，do-while 的结果流程图如图 4-5 所示。

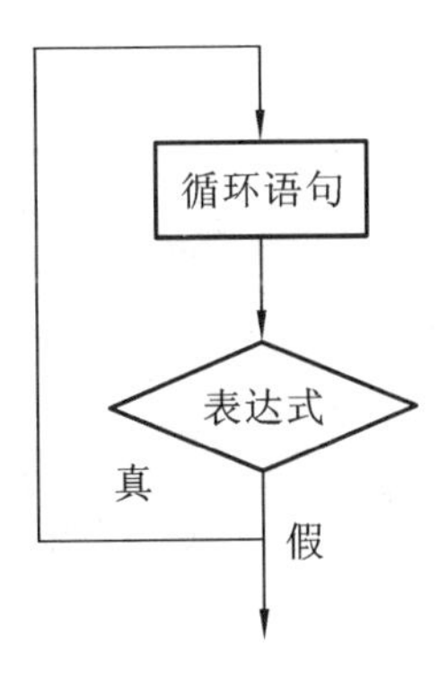

图 4-5　do-while 语句的逻辑流程图

使用 while 语句需要注意以下几点：

① do-while 循环结构是先执行一次循环体，然后再求表达式的值，因此，无论表达式是否为“真”，循环体至少执行一次；

② do-while 循环与 while 循环十分相似，它们的主要区别是：while 循环先判断循环条件再执行循环体，循环体可能一次也不执行，而 do-while 循环先执行循环体，再判断循环条件，循环体至少执行一次；

③ 循环体中复合语句须用{}括起来；

④ do-while 循环体中应有使循环趋于结束的语句，以避免“死循环”的发生。

【例 4-3】 用 do-while 语句计算 1＋2＋3＋…＋100。注意与 while 语句来实现累加的区别(表 4-1)。

表 4-1　while 语句和 do-while 语句的对比

<table>
<tr><th>while 语句实现累加</th><th>do-while 语句实现累加</th></tr>
<tr><td><pre>#include<stdio.h>
void main()
{
int i=1, sum=0;
while(i<=100){
sum=sum+i;
i++;
}
printf("%d\n",sum);
}</pre></td><td><pre>#include<stdio.h>
void main()
{
int i=1, sum=0;
do{
sum=sum+ i;
i++;
}while(i<=100);
printf("%d\n",sum);
}</pre></td></tr>
</table>

运行结果如图 4-6 所示：

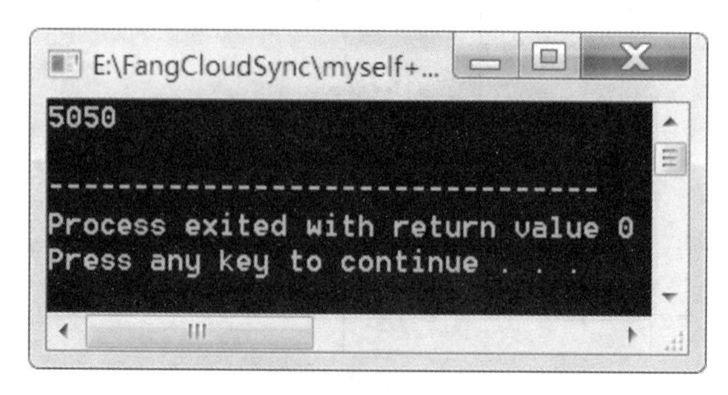

图 4-6　例 4-3 输出结果

do-while 语句实现程序关键步骤的解释：

① 变量 i,sum 申明并同时赋初值 i=1,sum=0；

② 先执行循环语句,循环体中 sum 存放累加的值,将满足条件的 i 自动加到 sum 中去,为了使 i 不断变化,i 要实现自加(i++)；

③ 判断循环条件是 i<=100；

④ 如果 i 小于或等于 100,进入循环进行,否则跳出循环,直接输出上次循环的结果。

注意：和 while 语句一样,在使用 do-while 语句时,一定要初始化循环控制变量 i。请思考当初始化 i=101 时,两种循环语句的执行情况。

do-while 语句也可以组成多重循环,而且也可以和 while 语句相互嵌套使用,在此不再举例,读者可以自行尝试使用。

【例 4-4】 丹灶彩票代理中心推出抽奖游戏,游戏规则：每位顾客均有三次抽奖机会。抽奖规则如下：可购买 1～15 的任意一个号码,如果购买的号码与系统产生的随机号码匹配,表示该顾客中奖。

```
#include<stdio.h>
#include<stdlib.h>
#include<time.h>
void main()
{
int i=1,snumber=0,guess=0;
printf("丹灶彩票代理中心欢迎您,您有三次抽奖机会。\n");
srand((unsigned)time(NULL));
snumber=rand()%15+1;
do
{
printf("请输入 1---15 的整数");
```

```
scanf("%d",&guess);
if(snumber==guess)
printf("太棒了,您中奖了!\n");
else
printf("不好意思,这次您未中奖!\n");
i++;}while(i<=3);
printf("谢谢使用!\n");
}
```

运行结果如图4-7所示。

图4-7 例4-4运行结果

课堂练习3:用do-while编程,打印出所有水仙花数。所谓“水仙花数”是指一个3位数,其各位数字的立方和等于数字本身,比如$153=1^3+5^3+3^3$就是一个水仙花数。

课堂练习4:猴子吃桃问题:猴子第一天摘下若干个桃子,当即吃了一半,还不满足,又多吃了一个。第二天早上又将剩下的桃子吃掉一半,且又多吃了一个。以后每天早上都吃了前一天剩下的一半零一个。到第十天早上想再吃时,见只剩下一个桃子了。求第一天共摘了多少个桃子。用do-while编程实现。

4.3 用for语句实现循环

for语句是循环结构中用得最广泛的语句类型,它有使用灵活、书写简洁的特点,它不仅适合已知循环次数的情况,也适合循环次数不确定,但知道循环结束条件的情况。

4.3.1 for语句

在C语言中,for语句用来实现循环也是“当满足条件”时执行“具体的步骤”,for循环模型也可以看作是“当型循环”,其一般形式如图4-8所示。

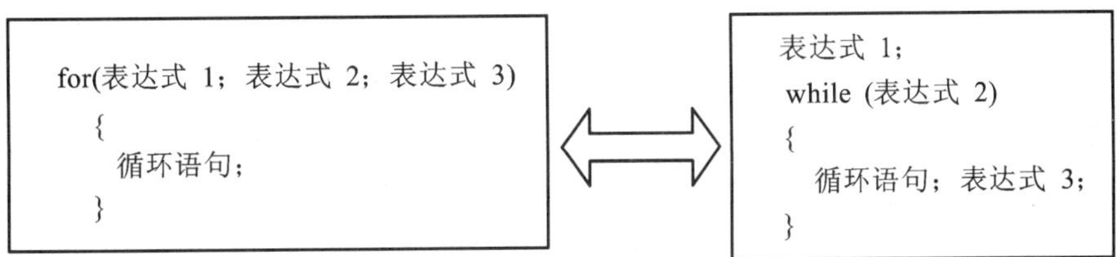

图4-8 for语句和do-while循环语句形式对应关系图

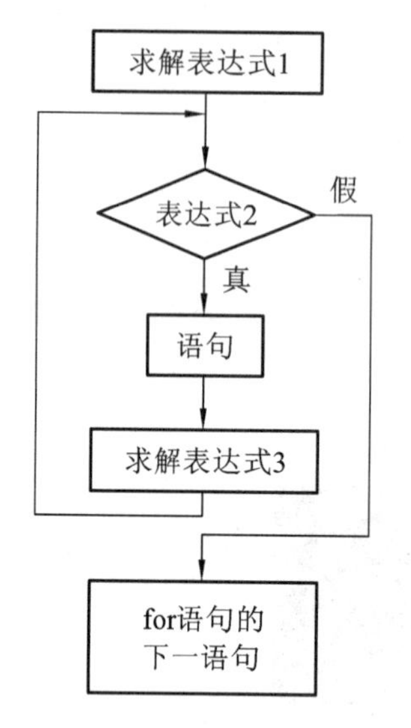

图 4-9　for 语句的逻辑流程图

for 是关键词，其后有 3 个表达式，各个表达式用“;”分隔。3 个表达式可以是任意的表达式，通常主要用于 for 循环控制。表达式 1 可以是设置循环变量初值的表达式，也可以是与循环变量无关的其他表达式；表达式 2 一般为关系表达式或逻辑表达式，也可以是数值表达式或字符表达式，事实上只要是表达式就可以；表达式 3 一般是循环控制变量的自加或自减的修正表达式。

for 语句的执行过程是：先计算表达式 1，再计算表达式 2，若其值为非 0(循环条件成立)执行循环语句，并同时执行表达式 3，然后再转入计算表达式 2；若计算表达式 2 得其值为 0(循环条件不成立)，则结束循环，执行 for 语句后面的语句。for 的逻辑流程图如图 4-9 所示。

【例 4-5】 用 for 语句实现 1+2+3+…+100 的程序如下所示：

```
#include<stdio.h>
void main()
{
int sum=0;
for(int i=0;i<=100;i++)
{
sum=sum+i;
}
printf("%d\n",sum);
}
```

使用 for 语句需要注意以下几点：

① for 语句中的表达式 1、表达式 2、表达式 3 都是可选项，允许缺省，表达式之间用“;”隔开，如 for(int i=0;i<=100;i++)。

② 若省略表达式 1，表示对控制变量 i 不赋初值。如 for(;i<=100;i++)，i 应该在 for 语句外面提前申明。同时注意，表达式 1 中也可以包括其他表达式，如 for(int sum=1, i=1;i<=100;i++)。

③ 若省略表达式 2，相当于取消了结束循环的条件，也就是默认表达式 2 的值为真，如在循环体内没有终止循环的语句，程序便处于“死循环”，在编程过程中应杜绝此种情况的发生，如 for(int i=1;;i<=100){sum=sum+i;}。

④ 若省略表达式 3，则不会对循环控制变量进行操作，可以在循环体中修改循环控制变量。如：

```
for(int i=1;i< =100;)
{
sum=sum+i;
i++;
}
```

【例 4-6】 用 for 语句计算 1 * 2+2 * 3+3 * 4+…+99 * 100。

分析：观察本计算可知，需要用两个控制变量进行乘积，每个控制变量都要进行自加计算，将每次计算的两个控制变量的乘积进行累加求和，用 for 语句实现比较方便。

```
#include<stdio.h>
void main()
{
int i=1,j=2,sum=0;
for(;i< =99&&j<=100;i++,j++)
{
sum=sum+i*j;
}
printf("%d\n",sum);
}
```

运行结果如图 4-10 所示。

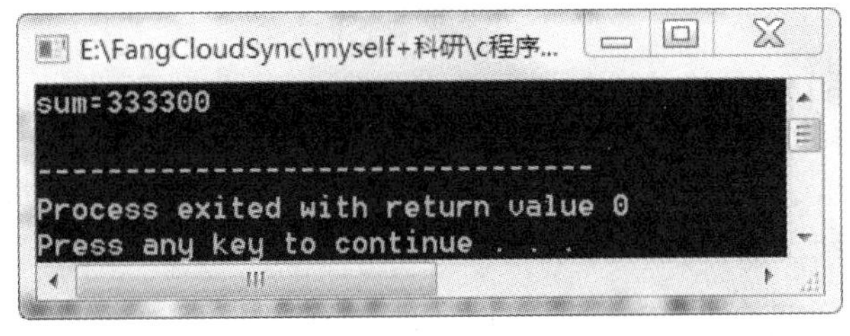

图 4-10　例 4-6 输出结果

for 语句实现程序的关键步骤的解释：

① 变量 i,j,sum 申明并同时赋初值 i=1,j=2,sum=0。注意也可以将控制变量 i,j 的初始化放到 for 语句的第一个表达式中，i 和 j 之间是逗号。

② 控制变量 i 和 j 需要实现同步自加运算 i++,j++，此运算亦可在循环体中进行，判断循环条件是 i<=99&&j<=100 时，将 i * j 的乘积结果自动加到 sum 中去。

③ 判断循环条件是 i 自加到 99 时，j 自加到 100，最后一次满足条件，最后一次执行循环体，当 i 继续自加到 100 时不满足条件，不执行循环体语句，跳出循环，sum 得到的值为 i=99 时，j=100 时，99 * 100 加到之前所有乘积结果之和 sum 的最终值。

注意:for 语句的 3 个表达式变化多样,读者应深入理解。仔细思考以上程序的表达式 2 还可以如何精简。

【例 4-7】 相传高汉祖刘邦问大将军韩信统御兵士有多少,韩信答,不足 1000 人,每 3 人一列余 1 人,5 人一列余 2 人,7 人一列余 4 人,13 人一列余 6 人。刘邦茫然而不知其数。你可以帮助刘邦算出有多少个兵士吗?

```
#include<stdio.h>
#include<stdlib.h>
#include<time.h>
void main()
{
int i;
for(i=1;i<1000;i++)
{
if(i%3==1&&i%5==2&&i%7==4&&i%13==6)
{
printf("%d\n",i);
break;
    }
  }
}
```

4.3.2 三种循环结构的比较

C 语言中,while、do-while 和 for 三种循环结构都可以用来处理同一个问题,但在具体使用时存在一些细微的差别。

① 循环控制变量初始化:在 while 和 do-while 循环中,循环控制变量初始化应该在 while 和 do-while 语句之前完成;而 for 循环的循环控制变量的初始化可以在表达式 1 中完成。

② 循环条件:while 和 do-while 循环只在 while 后面括弧中指定循环条件;而 for 循环在表达式 2 中指定。

③ 循环控制变量变化使循环趋向结束:while 和 do-while 循环要在循环体内包含使循环趋于结束的循环控制变量变化操作;而 for 循环可以在表达式 3 中完成该操作。

④ 循环体:for 循环可以省略循环体,将部分操作放到表达式 2、表达式 3 中,相比来说更简洁,而 while 和 do-while 只能把循环部分放到循环体中。

⑤ 执行顺序:while 和 for 循环先测试表达式,后执行循环体,而 do-while 是先执行循环体,再判断表达式。

⑥ 具体使用:三种基本循环结构一般可以相互替代,不能说哪种更加优越,具体使用

哪一种结构依赖于程序的可读性和程序设计者个人程序设计的风格。我们应当尽量选择恰当的循环结构，使程序更加容易理解。

课堂练习5：用for循环语句编写C程序判断一个100以内的正整数是否是素数？

课堂练习6：用for循环语句实现100～200之间不能被3整除的数的输出。

课堂练习7：输出图4-11所示的加法表。

```
请输入一个值:6
根据这个值可以输出以下加法表：
0+6=6
1+5=6
2+4=6
3+3=6
2+4=6
5+1=6
6+0=6
```

图4-11　加法表

4.4　循环嵌套

在一个循环体内也可以嵌套另外一个或多个循环，称为循环的嵌套，循环的嵌套可以用以上介绍的while、do-while和for循环三种结构进行嵌套，亦可以在三种循环结构中互相嵌套。

1. while嵌套形式

```
while(条件)
{……
while(条件)  }嵌套部分
{……}         }
           }
```

2. do-while嵌套形式

```
do{……
do{……                }
      }while(条件)    }嵌套部分
    }while()
```

3. for 语句嵌套形式

```
for(;条件;){
    ……
for(;条件;){  }嵌套部分
    ……}      
    }
```

嵌在循环体内的循环称为内循环，嵌有内循环的循环称为外循环。设计多重循环程序，关键是要确定每一层循环需要完成的具体任务，外循环用以对内循环进行控制，内循环则用以实现具体操作，在使用循环嵌套时一定要注意嵌套的开始和结束位置，循环嵌套结构模型如图 4-12 所示。

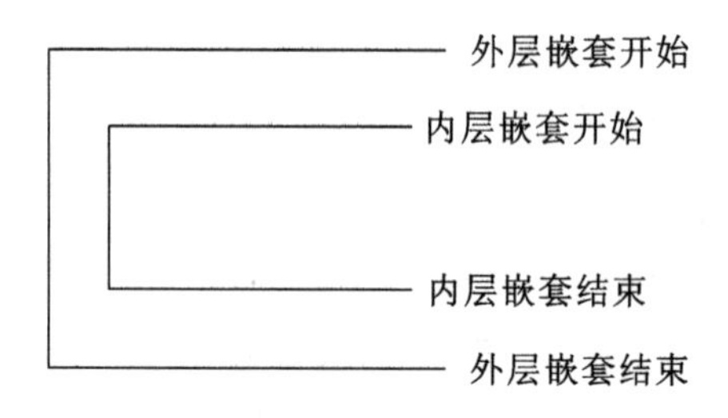

图 4-12　循环嵌套结构模型

【例 4-8】 用循环嵌套结构输出

```
*
* *
* * *
* * * *
* * * * *
```

分析：需要输出 5 行图形，每行的"＊"个数和行数相等，需要用双重循环嵌套。

方法 1：用 for 语句循环结构实现。

```
#include<stdio.h>
void main()
{
  for (int i=1; i<=5;i++)
    {
    for (int j=1; j<=i; j++)
          putchar('*');
       putchar('\n');
  }
}
```

for 循环结构实现关键步骤的解释：

① 外层循环控制作用是控制具体行数，内层控制具体输出内容，为了实现每行的输出“*”个数与行数一致，内层循环控制条件是 j<=i。

② 内层循环体内执行的语句只有 putchar('*')；外层循环语句包括 putchar('\n')；作用是每一行的“*”输出完毕后自动换行。

方法 2：用 while 语句循环结构实现。

```
#include<stdio.h>
void main()
    {
    int i=1;
    while(i<=5){
    int j=1;
    while(j<=i){
    putchar('*');
    j++;
    }
    i++;
    putchar('\n');
    }
      }
```

while 循环结构实现关键步骤的解释：

① 外层循环控制作用是控制具体行数，内层控制具体输出内容，为了实现每行的输出“*”个数与行数一致，内层循环控制条件是 j<=i；条件包含在 while 后面括弧中。

② i 和 j 的初始化必须在 while 前面进行。i++和 j++循环控制变量的自加必须分别在内循环和外循环对应的循环体内。

③ putchar('*')包含在内层循环体；putchar('\n')包含在外层循环语句内，作用是每一行的“*”输出完毕后自动换行。

方法 3：用 do-while 语句循环结构实现。

```
#include<stdio.h>
void main()
{
int i=1;
do{
int j=1;
do{
putchar('*');
j++;
}while(j<=i);
i++;
```

```
putchar('\n');
}while(i<=5);
}
```

do-while循环结构实现关键步骤的解释：

① 与while循环结果类似，外层循环控制作用是控制具体行数，内层控制具体输出内容，为了实现每行的输出“ * ”个数与行数一致，内层循环控制条件是j<=i；条件包含在while后面括弧中。

② i和j的初始化必须在do前面进行。i++和j++循环控制变量的自加必须分别在内循环和外循环所对应的循环体内。

③ putchar('*')包含在内层循环体；putchar('\n')包含在外层循环语句内，作用是每一行的“ * ”输出完毕后自动换行。

三种循环结构都能完成以上图案的打印，打印输出结果如图4-13所示。

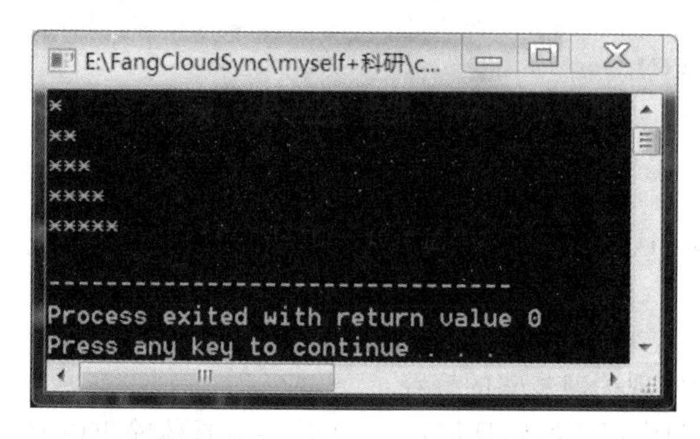

图4-13　循环嵌套输出结果

课堂练习8：丹灶彩票代理中心准备设计自己的吉祥图案，如图4-14所示，该吉祥图案为菱形，现在想通过C语言打印该图案，如何实现？

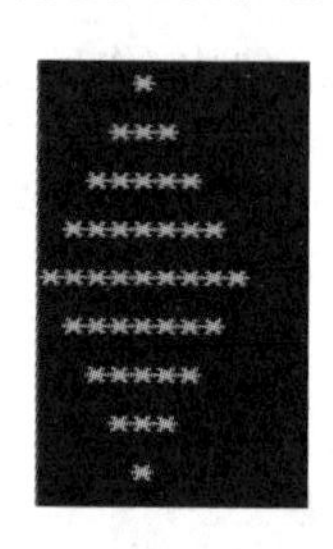

图4-14　吉祥图案

```
#include<stdio.h>
void main()
{
int i,j,k;
for(i=1;i<=5;i++)
{for(j=1;j<=5-i;j++)
printf(" ");
for(k=1;k<=2*i-1;k++)
printf("*");
printf("\n");
}
for(i=1;i<=4;i++)
{for(j=1;j<=i;j++)
printf(" ");
```

```
for(k=1;k<=9-2*i;k++)
printf("*");
printf("\n");
}
  }
```

课堂练习 9:编写程序,找出 2～100 以内的所有素数,并统计有多少个。

```
#include <stdio.h>
void main()
{  int i,n,k=0,flag;
for(n=2;n<=100;n++)
{flag=0;
for(i=2;i<=n-1;i++)
  {
if(n%i==0)
{ flag=1;break;}
}
if(flag==0)
  { k++;printf("%4d",n);}
}
printf("\nTotal prime number is %d",k);
}
```

4.5　break 和 continue 语句

4.5.1　break 语句

前面介绍的三种循环结构都是在执行循环体之前或之后通过对一个条件表达式判定来决定是否终止对循环体的执行。此外,在循环体中可以通过 break 语句立即终止循环的执行,而转到循环结构的下一语句处执行。

break 语句的一般形式为:

　　break;

break 语句的执行过程是:跳出当前循环,进而转移到循环后的语句处执行。break 语句也常用于选择结构 switch 语句中,用于终止 case 语句,表明选择完成。

循环语句可以嵌套使用,break 语句只能跳出(终止)其所在的循环,而不能一下子跳出多层循环。要实现跳出多层循环可以设置一个布尔变量,控制逐层跳出。在循环语句中,break 常常和 if 语句一起使用,表示当条件满足时,立即终止循环。注意 break 不是跳出 if 语句,而是循环结构,含 break 语句的循环程序流程图如图 4-15 所示。

【例 4-9】　程序举例:从键盘上连续输入字符,并统计其中大写字母的个数,直到输

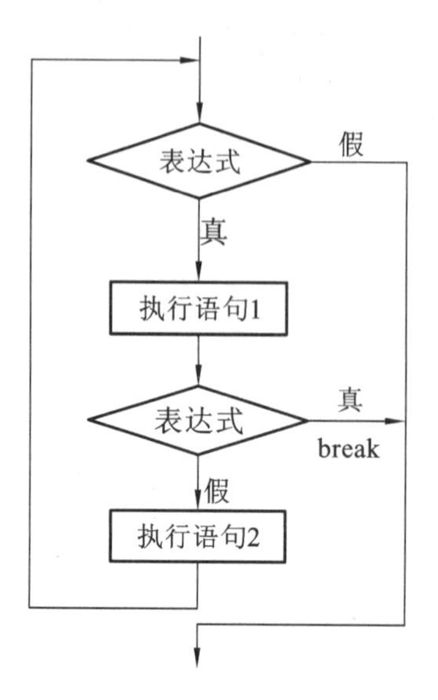

图 4-15　含 break 语句的循环程序流程图

入“换行”字符时结束。

```
#include<stdio.h>
void main()
{
   char ch;
   int sum=0;
   while(1)
   {
      ch=getchar();
      if(ch=='\n')break;
      if(ch>='A'&&ch<='Z')sum++;
   }
   printf("%d\n",sum);
}
```

当键盘输入 Hello World;时程序输出结果如图 4-16 所示。

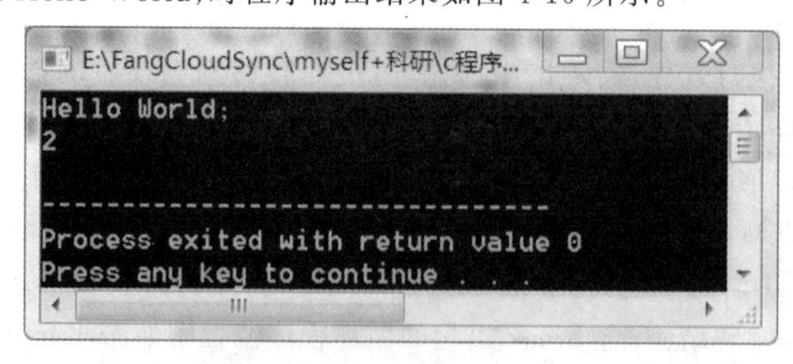

图 4-16　例 4-9 程序输出结果

以上程序关键步骤的解释：

① 定义变量 ch 接受键盘输入字符，定义变量 sum 统计输入大写字母的个数。

② 采用 while 循环，反复检查输入的字符是什么，因为 while 循环条件为 1，此循环为“死循环”，必须有结束循环的语句，break 则是判断该循环结束的关键语句。

③ break 与 if 语句搭配使用，当 if 判断键盘输入的字符为"A"到"Z"，则 sum 变量自加，当 if 判断键盘输入的字符为“\n”，此时终止循环，执行循环外的语句，输出 sum 最后的值，即为所统计到的输入大写字母的个数。

4.5.2　continue 语句

continue 语句的功能是结束本次循环，即跳过本次循环所在的本层循环体，余下尚未执行的语句，接着进入下一次循环条件的判定。注意执行 continue 语句并没有使整个循环终止，而 break 语句是完全跳出整个循环，注意与 break 语句进行比较。

continue 语句的一般形式是：

```
continue;
```

在 while 和 do-while 循环中，continue 语句使流程直接跳到循环控制条件部分，然后决定循环是否继续执行。在 for 循环中遇到 continue 后，跳过循环体中余下的语句，而去对 for 语句中的表达式 3 求值，然后进行表达式 2 的条件测试，最后决定 for 循环是否执行。

含 continue 语句的循环程序流程图如图 4-17 所示。

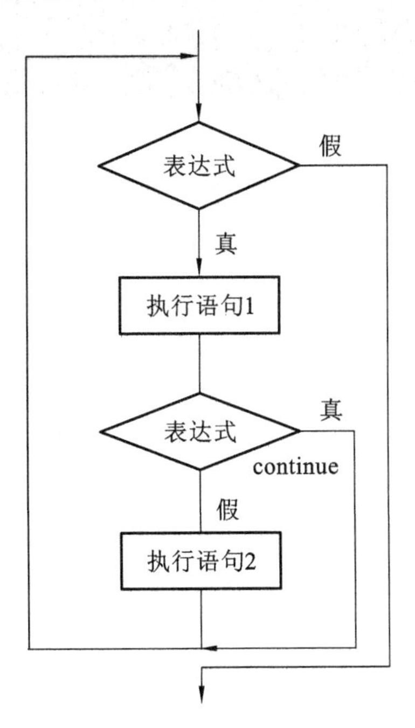

图 4-17　含 continue 语句的循环程序流程图

【例 4-10】 程序举例:从键盘输入 10 个字符,并统计其中数字字符的个数。

```
#include<stdio.h>
void main()
{
   int sum=0,i;
   char ch;
   for(i=0;i<10;i++)
   {
ch=getchar();
if(ch< '0'||ch> '9')continue;
sum++;
   }
   printf("%d\n",sum);
}
```

当键盘输入 abc123ABC& 时,程序输出结果如图 4-18 所示。

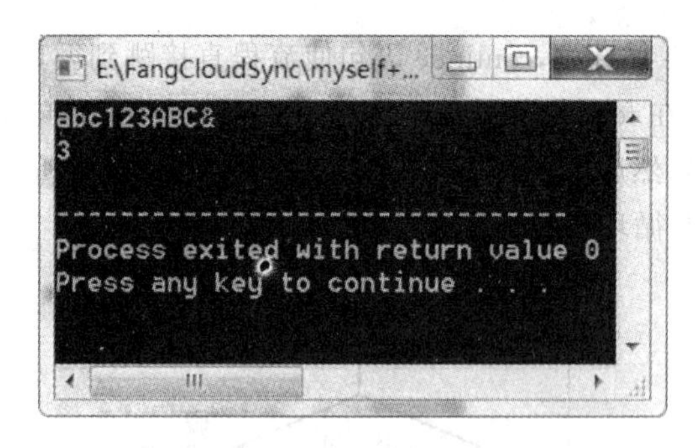

图 4-18 例 4-10 程序输出结果

以上程序关键步骤的解释:

① 定义变量 ch 接受键盘输入字符,定义变量 sum 统计输入数字字符的个数。

② 明确循环次数为 10 次,所以采用 for 循环,在循环体中对每次输入的字符进行判断比较,if(ch<'0'||ch>'9')continue;如果输入的字符 ASCII 码值不是在"0"和"9"之间,则 continue 跳出本次循环,本次 sum++不执行,反之则 sum 值自加 1。

break,continue 都可以使循环在中途退出,其主要区别是:

① continue 语句只终止本次循环,而不是终止整个循环结构的执行。

② break 语句是终止本循环,不再进行条件判断。break 不能用于循环语句和 switch 语句之外的任何其他语句之中。

课堂练习 10:求输入的十个整数中正数的个数及其平均值。

```
#include<stdio.h>
void main()
{    int i,num=0,a;
```

```
    float sum=0;
    for(i=0;i<10;i++)
    {  scanf("%d",&a);
if(a<=0)  continue;
num++;
sum+=a;
    }
    printf("%d plus integer's sum :%6.0f\n",num,sum);
    printf("Mean value:%6.2f\n",sum/num);
}
```

课堂练习 11:输出圆面积,面积大于 100 时停止。

```
#define  PI  3.14159
void main()
{
    int r;
    float area;
    for(r=1;r<=10;r++)
    {  area=PI*r*r;
       if(area>100)
  break;
       printf("r=%d,area=%.2f\n",r,area);
    }
}
```

4.6 循环程序应用举例

【例 4-11】 从键盘输入整数 n,判断是不是素数。

分析:素数是只能被 1 和它本身整除的数。为了判断一个数 n 是否为素数,可以让 n 除以 2 到 n－1(实际上只要 2 到 sqrt(n))之间的每一个整数,如果 n 能够被某个整数整除,则说明 n 不是素数,否则 n 是素数。

```
#include<stdio.h>
#include<math.h>
void main()
{
int n,i,m,r,flag;   //变量 n 存储输入的数字
scanf("%d",&n);
m=sqrt(n);          //变量 m 存储 n 的平方根
flag=0;             //变量 flag 为一个标记,若 flag 为 0,则输入的数为素数
for(i=2;i<=m;i++)
```

```
    {
        r=n% i;     //变量 r 存储 n 和 i 相除的余数,若余数为零即 r=0,表示 n 被 i 整除
        if(r==0)
        {
            flag=1;
            break;
        }
    }
    if(flag==1)
      printf("%d is not a prime number\n",n);
    else
      printf("%d is a prime number\n",n);
    }
```

程序说明:

① #include<math.h>,引入数学函数计算平方根 sqrt(n)。

② 利用 for 循环求 n 是否能被 2 到 sqrt(n)之间某个整数整除,若能被某一个数整除则跳出该整除循环,立即判断该数不是素数。

③ 用 flag 作为标志变量(布尔变量)即开关变量:0—素数,1—非素数。

输入数字 701,测试程序所得结果如图 4-19 所示。

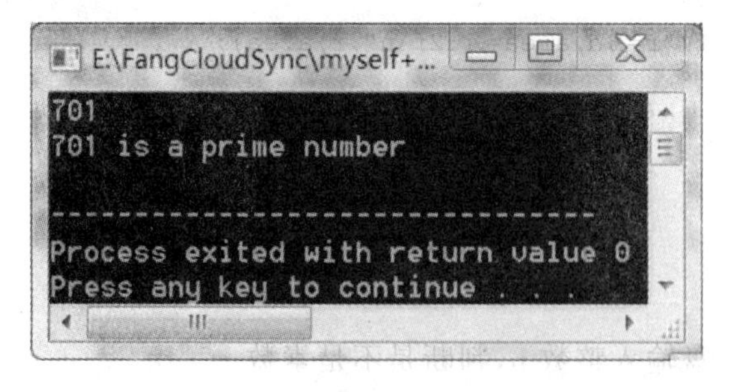

图 4-19　例 4-11 程序执行结果

【例 4-12】 求 Fibonacci 数列 40 个数。这个数列有如下特点:第 1,2 两个数为 1,1。从第 3 个数开始,该数是其前面两个数之和。即:

```
f1=1 (n=1)
f2=1 (n=2)
fn=fn-1+fn-2   (n≥3)
```

说明:这是一个有趣的古典数学问题,有一对兔子,从出生后第 3 个月起每个月都生一对兔子。小兔子长到第 3 个月后每个月又生一对兔子。假设所有兔子都不死,每个月的兔子总数为多少?

```
#include<stdio.h>
void main()
```

```
  {
   long int f1,f2;
   int i;
   f1=1;f2=1;
   for(i=1; i<=20; i++)
     {
       printf("%12ld %12ld ",f1,f2);
       if(i%2==0)
printf("\n");
       f1=f1+f2;
       f2=f2+f1;
      }
  }
```

程序说明：

① 采用长整型定义 f1,f2,以防数据太大导致溢出。

② 利用 for 循环,要输出 40 个数,每次输出 2 个,只需要 20 次循环输出,循环体中实现后一个数是前两个数之和(fn=fn−1+fn−2),算法是 f1=f1+f2,f2=f2+f1,也可以写成 f1+=f2,f2+=f1,注意 f1,f2 的先后顺序,仔细理解其逻辑。

③ 采用 i%2 控制换行输出。

测试程序所得结果如图 4-20 所示。

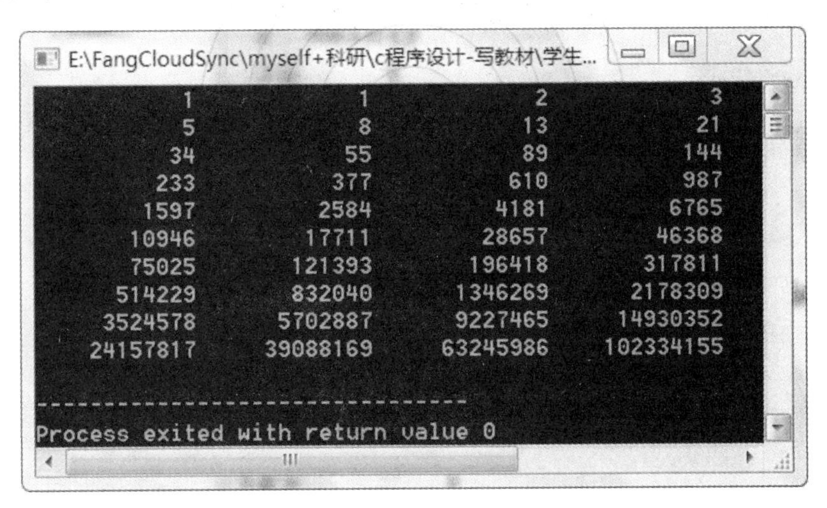

图 4-20　例 4-12 程序执行结果

课堂练习 12：编写程序,求解百钱买百鸡的问题：我国古代数学家张丘建在《张丘建算经》一书中提出了"百鸡问题"：今有鸡翁一,值钱五;鸡母一,值钱三;鸡雏三,值钱一。凡百钱买鸡百只,问鸡翁、鸡母、鸡雏各几何?

解析：假定公鸡只买 1 只,即 x=1,则母鸡 y 的数量可以在 1～32 之间变化,而 y 每变化一个值，则小鸡数量 z 可由 100 减去公鸡和母鸡的数量得到，即 z=100－x－y。

```
#include<stdio.h>
void main()
{int x,y,z;
for(x=1;x<20;x++)
{
    for(y=1;y<33;y++)
    {
       z=100-x- y;
    if(x*5+y*3+z*1.0/3==100)
{printf("公鸡=%d,母鸡=%d,小鸡=%d\n",x,y,z);}
     }
   }
}
```

课堂练习 13：某箭靶上标出的环数很特别，如图 4-21 所示，分别是：16，17，23，25，38。某人射了若干支箭，总环数为 100，没有脱靶的箭。如果只知道这些信息，请计算一下，他的箭可能的分布局面一共有几种？

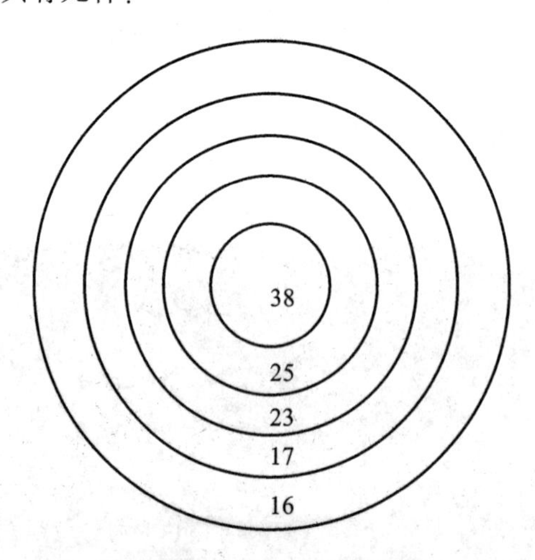

图 4-21　箭靶

```
#include<stdio.h>
int main()
{
int a, b, c, d, e, n;
for (a=0; a<10; a++)
for (b=0; b<10; b++)
for (c=0; c<10; c++)
```

```
for (d=0; d<10; d++)
for (e=0; e<10; e++)
if (a*16+b*17+c*23+d*25+e*38==100)
printf("%d %d %d %d %d\n", a, b, c, d, e);
return 0;
}
```

课堂练习 14:小明有 5 本新书,要借给 A、B、C 三位小朋友,每人每次只能借到一本,共有多少种不同的借书方案?请列出每种具体的借书方案。

```
#include<stdio.h>
int main()
{
    int a,b,c;
    int count =0;
    printf("共有以下借法\n");
    for(a=1;a<=5;a++)           //a、b、c 分别从 1 号借到 5 号书
    {
        for(b=1;b<=5;b++)
        {
            for(c=1;c<=5;c++)
            {
                if(0!=(a-b)*(b-c)*(c-a))
                {
                    count++;
                    printf("第%d 种%d %d %d\t",count,a,b,c);
                    if(0==count%3)
                    {
                        printf("\n");
                    }
                }
            }
        }
    }
    return 0;
}
```

【项目小结】

本节主要介绍了 C 语言的三种循环控制结构 while、do-while 和 for。while 和 do-while 语句通常用于循环次数未知的循环控制,for 语句通常用于循环次数已知的循环控制。

介绍了跳出循环的控制命令 break 和 continue，break 命令的作用是中断当前的循环语句，continue 命令的作用是使当前的一次循环不再执行，进入下一次循环条件的判断，不中断循环。

多重循环是实际应用中常见的循环结构，任何循环控制语句实现的循环都允许嵌套，嵌套时注意不能相互交叉，分清内外层的关系。熟练掌握单重循环程序设计是进行多重循环程序设计的基础。

【上机实验】

登录网站 http://www.dotcpp.com/oj/problemset.html：

① 在线评测系统第 1011 题。

② 在线评测系统第 1012 题。

③ 在线评测系统第 1013 题。

④ 在线评测系统第 1014 题。

⑤ 在线评测系统第 1015 题。

⑥ 在线评测系统第 1016 题。

⑦ 在线评测系统第 1017 题。

⑧ 在线评测系统第 1018 题。

⑨ 在线评测系统第 1019 题。

⑩ 在线评测系统第 1020 题。

模块 5　数　　组

【模块介绍】

本章主要介绍数组的定义、初始化、引用、排序等内容，并给出了相应数组访问的具体实例，以及字符数组与字符串在处理上的区别。

【知识目标】

1. 掌握一维、二维数组的定义和引用方法、存储结构和初始化方法；
2. 掌握数组的运算；
3. 掌握一维数组的排序方法；
4. 掌握用字符数组处理字符串问题的方法。

【技能目标】

1. 能够正确使用编译器进行相关的调试；
2. 能够正确定义数组、初始化数组和引用数组；
3. 能够对一维数组进行排序；
4. 能够运用数组进行简单程序设计。

【素质目标】

1. 培养学生自主学习探索新知识的意识；
2. 在上机调试程序的过程中，学生能够养成分析错误、独立思考、解决问题的能力；
3. 在面对实际生活中的批量数据时，学生能够形成一种运用数组知识去解决问题的思想。

5.1 数组概述

中国俗语有言：物以类聚，人以群分。在生活中，事物都不是孤立存在的，数据也一样。为了方便处理现实中的许多同一数据类型的数据时，编程设计引入了数组概念。

【例 5-1】 需要输入 10 个整型数再输出。

用以往的方法可得以下代码：

```
#include<stdio.h>
void main()
{
    int a0,a1,a2,a3,a4,a5,a6,a7,a8,a9;
```

```
    scanf("%d",&a0);  scanf("%d",&a1);  scanf("%d",&a2);  scanf("%d",&a3);
    scanf("%d",&a4);  scanf("%d",&a5);  scanf("%d",&a6);  scanf("%d",&a7);
    scanf("%d",&a8);  scanf("%d",&a9);
    printf("%d",a0);  printf("%d",a1);  printf("%d",a2);  printf("%d",a3);
    printf("%d",a4);  printf("%d",a5);  printf("%d",a6);  printf("%d",a7);
    printf("%d",a8);  printf("%d",a9);
}
```

由此可知，普通方法的程序烦琐，代码冗长，可读性差。如果使用数组，程序代码就会变得很简洁。使用数组来解答，伪代码如下：

```
#include<stdio.h>
void main()
{
a[10];                      // 一下定义 10 个整数
scanf("%d",&a[i]);          //循环输入
printf("%d",a[i]);          //循环输出
}
```

在程序设计中，把具有相同数据类型的若干变量按有序的形式组织起来，这些有序的同类数据元素的集合称为数组。由于这些数据是有序组织，因此它们在内存中是连续存储的。

数组元素：构成数组的数据。数组中的每一个数组元素具有相同的名称，不同的下标，可以作为单个变量使用，所以也称为下标变量。

数组的下标：是数组元素的位置的一个索引或指示。

数组的维数：数组元素下标的个数。根据数组的维数可以将数组分为一维、二维、三维、多维数组。

一维数组：数组是一组有序数据的集合，数组中每一个元素的类型相同。用数组名和下标来唯一确定数组中的元素。

在 C 语言中，数组是一种非常重要的构造数据类型。一个数组可以包含多个数组元素，这些数组元素可以是基本数据类型或构造类型。

注意：① 数组是先定义后使用；
② 数组的两个特性：元素空间连续性，数组元素有限性。

5.2 一维数组

一维数组是使用同一个数组名存储一组数据类型相同的数据，用索引或下标区别数组中的不同元素。一维数组好比数学中的数列，各个元素排成一排。

5.2.1 一维数组的定义

一维数组定义格式：

类型说明符 数组名[常量表达式]

类型说明符用来定义数组中每个元素的数据类型，可以是 int，char 和 float 等任何一种基本数据类型或构造数据类型。

数组名必须符合标识符的命名规则，它代表数组存储的首地址。

常量表达式定义数组中元素的个数，其下标从 0 开始计数。

例如：

int a[5]；表示数组名为 a，有 5 个元素，并且每个元素的类型都是 int 型的。

float b[8]，c[10]；说明实型数组 b 有 8 个元素，实型数组 c 有 10 个元素。

定义数组时，应该注意以下几点：

① 数组名定名规则和变量名相同，遵循标识符定名规则。

② 允许在同一个类型说明中，说明多个数组和多个变量。如：int i，a[5]；。

③ 常量表达式要有方括号[ ]括起来，不能用圆括号。如 int a(5)；是非法的。

④ 常量表达式可以是常量也可以是符号常量，不能包含变量。C 语言绝对不允许对数组的大小作动态定义。

错误的定义方式：

```
int x=10,a[x];
int a(10);
int a[1.0];
```

数组定义后，系统在内存中给数组分配一块连续的存储空间，其大小取决于数组的数据类型和数组元素个数。数组名是数组在内存中的首地址。

例如：

```
float c[4];
```

定义了一个一维数组 c，数组 c 的每个元素都是 float 型，每个元素占 4 个字节存储空间，数组 c 一共有 4 个元素，所以系统给数组 c 共分配了 16 个字节的存储空间。数组 c 的 4 个元素分别是 c[0]、c[1]、c[2]、c[3]，其存储情况如图 5-1 所示，以十六进制表示地址的编码。

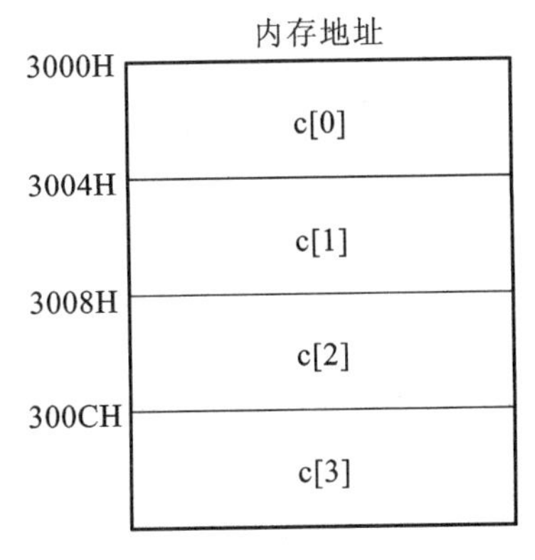

图 5-1　数组 c 的存储示意图

5.2.2 一维数组的初始化

数组定义后，若要使用数组中的元素，就必须先给元素赋值。给数组赋值的方法有两种：

① 采用赋值语句方法对数组元素逐个赋值；

② 采用数组初始化方法赋值。

在定义一维数组的同时对数组元素进行赋值，称为一维数组的初始化。其一般形式为：

类型说明符 数组名[常量表达式] ={元素初值表}；

多个元素初值之间用“,”分割，赋值时采用左对应关系，即花括号中的第一个初值赋值给数组的 0 号元素，第二个初值赋值给数组的 1 号元素，以此类推。

一维数组初始化有以下几种方式：

① 给所有数组元素赋初值，例如：

```
int a[10]={0,1,2,3,4,5,6,7,8,9};
```

表示给数组元素都赋初值，上面的语句等价于 a[0]=0，a[1]=1，a[2]=2，a[3]=3，a[4]=4，a[5]=5，a[6]=6，a[7]=7，a[8]=8，a[9]=9。

② 只给一部分元素赋初值，例如：

```
int a[10]={0,1,2,3,4};
```

表示只给数组的前 5 个元素赋初值：a[0]=0，a[1]=1，a[2]=2，a[3]=3，a[4]=4，后 5 个元素的值，系统自动默认为 0。

③ 在对全部数组元素赋初值时，可以不指定数组长度，例如：

```
int a[5]={0,1,2,3,4};
```

可以改写为：

```
int a[]={0,1,2,3,4};
```

这种方式只能在数组定义时初始化使用，不能定义之后再用这种方式。例如：

```
int a[10];
```

不可以改写为：

```
int a[]={0,1,2,3,4};
```

5.2.3 一维数组的引用

数组的使用遵循“先定义，后使用”的原则。C 语言规定：只能逐个引用数组元素，而不能一次引用整个数组。定义一维数组后，数组中的每一个元素相当于一个普通变量。

一维数组的引用格式：

数组名[下标]；

其中,下标表示元素在数组中的顺序号,可以是整型常量也可以是整型表达式。比如:a[0]=a[5]+a[7]+a[2×3],表示数组 a 第 1 个元素=第 6 个元素+第 8 个元素+第 7 个元素。

注意:下标变量和数组定义在形式上有些相似,但这两者具有完全不同的含义。数组定义的方括号中给出的是某一维的长度,而数组元素中的下标是该元素在数组中的位置标识;数组定义中的方括号内只能是常量,而数组元素中方括号中的下标可以是常量、变量或表达式。

一维数组元素的下标从 0 开始,如果数组长度为 n,则元素最大下标为 n－1。例如:

```
int a[5];
```

定义了一个 5 个元素的整型数组 a,数组的 5 个元素分别是 a[0],a[1],a[2],a[3],a[4]。

注意:在一维数组引用过程中要避免下标越界问题。如:int a[5];定义了一个 5 个元素的数组 a,数组 a 中不包括 a[5]元素,下标为 5 已经越界。对于数组下标越界问题,C 语言程序编译系统不会进行检测,但可能导致程序运行出错。

【例 5-2】 读 10 个整数存入数组中,逆序输出数组中的所有数据。

程序分析:要求读入 10 个整数,可以定义一个整型数组,使用循环输入,之后再从后往前输出数据。

程序源代码如下:

```
#include<stdio.h>
void main()
{
    int i,a[10];
    for(i=0;i<=9;i++)
      a[i]=i;                  /*顺序给数组元素赋初值*/
    for(i=9;i>=0;i--)
       printf("%d\t",a[i]);    /*顺序输出数组元素*/
}
```

【例 5-3】 产生前 20 个斐波纳契(Fibonacci)数。

程序分析:斐波纳契数列的开头两项为 1、1,以后的每项是前两项的和[a(n)=a(n－2)+a(n－1)]。

程序源代码如下:

```
#include<stdio.h>
main()
{    int i;
```

```
    int f [20] ={1, 1};           /*数组初始化 */
    for(i =2; i<20; i++)          /*计算数列存到数组*/
  f [i] =f [i-1]+f [i-2];
    for(i =0; i<20; i++)
  {
       printf("%6d", f [i]);
       if((i+1)%5 ==0)
     printf("\n");                /*输出 5 个数并换行 */
    }
}
```

课堂练习 1:学校每年都会举办各种文艺、技能竞赛活动,请读者设计一个竞赛现场评分小程序,在某位选手表演结束,评委现场打分后,程序按计分规则统计评委打分,然后计算平均值,并打印输出选手的最终得分(假设有 6 个评委)。

```
#include<stdio.h>
void main()
{float avg,max,min,score[6],sum=0;
int i;
for(i=0;i< 6;i++)
{printf("输入第%d个评委打分",i+1);
  scanf("%f",&score[i]);
}
max=score[0],min=score[0];
for(i=0;i<6;i++)
{sum+=score[i];
if(max<score[i]) max=score[i];
if(min>score[i]) min=score[i];
}
sum=sum-max-min;
avg=sum/4;
printf("最终得分是%f\n",avg);
}
```

5.2.4 一维数组的排序

1. 一维数组的排序——冒泡排序

在操作数组时,经常需要依次访问数组中的每个元素,这种操作称作数组的遍历。下面来了解一下冒泡排序法的原理(图 5-2 及图 5-3)。

第1步
- 从第一个元素开始，将相邻的两个元素依次进行比较，直到最后两个元素完成比较。如果前一个元素比后一个元素大，则交换它们的位置。整个过程完成后，数组中最后一个元素自然就是最大值。

第2步
- 除了最后一个元素，将剩余的元素继续进行两两比较，过程与第一步相似，这样就可以将数组中第二大的数放在倒数第二个位置。

第3步
- 依次类推，持续对越来越少的元素重复上面的步骤，直到没有任何一对元素需要比较为止。

图 5-2　冒泡排序法原理

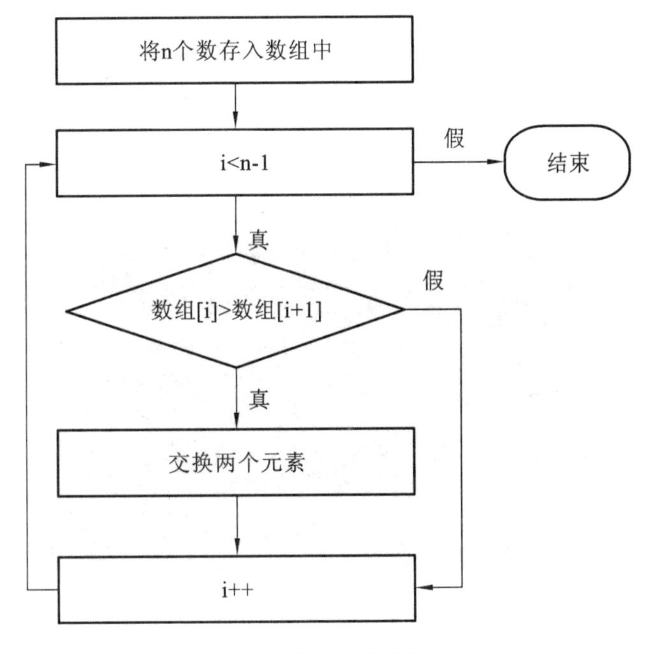

图 5-3　冒泡排序流程图

了解了冒泡排序的原理之后，接下来通过一个案例来实现冒泡排序。

【例 5-4】　对 2018 年丹灶镇的所有企业抽样 10 家进行环保检查，将最终得分从高到低排序。

```
#include<stdio.h>
void main()
{int a[10];
```

```
int i,j,t;
printf("请输入 2018 年丹灶镇环保抽样 10 企业最终得分录入:\n");
for (i=0;i<10;i++)
{
printf("第%d家企业的得分",i+1);
scanf("%d",&a[i]);
}
printf("\n");
for(j=0;j<9;j++)
for(i=0;i<9-j;i++)
  if (a[i]<a[i+ 1])
    {t=a[i];a[i]=a[i+1];a[i+1]=t;}
printf("2018 年丹灶镇环保抽样 10家企业排名:\n");
for(i=0;i<10;i++)
printf("%d ",a[i]);
printf("\n");
}
```

运行结果如图 5-4 所示。

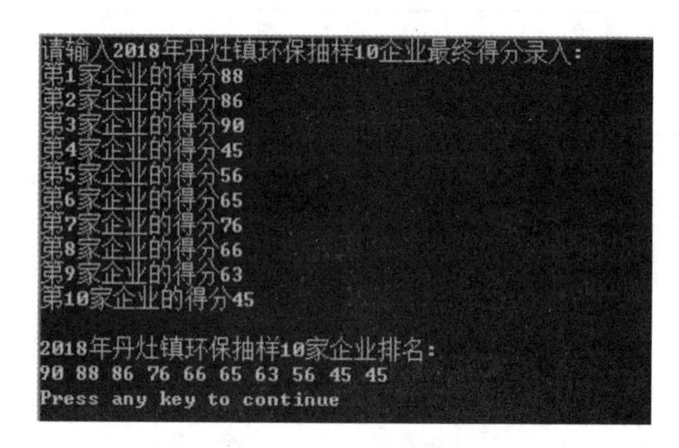

图 5-4　例 5-4 运行结果

2. 一维数组的排序——选择法排序

排序思想:每一次排序过程,获取当前没有排好序的元素中的最大(小)的元素,将其与数组最右(左)端的元素交换,循环这个过程即可实现对整个数组排序。

【例 5-5】 对 2018 年丹灶镇的所有企业抽样 10 家进行环保检查,将最终得分从高到低排序,用选择法排序。

```
#include<stdio.h>
```

```
void main()
{float avg[10]={91.2,90.3,89.8,87.0,88.5,86.4,65.5,76.3,83.4,56.7},temp;
int i,j,k;
for(i=0;i<10;i++)
{
  k=i;
  for(j=i+1;j<10;j++)
     if(avg[j]>avg[k]) k=j;
  if(k!=i)
  {temp=avg[k];
  avg[k]=avg[i];
  avg[i]=temp;}
}
printf("按环保抽样成绩从高到低排序\n");
  for(i=0;i<10;i++)
    {printf("%10.2f",avg[i]);
     printf("\n");
     }
}
```

运行结果如图 5-5 所示。

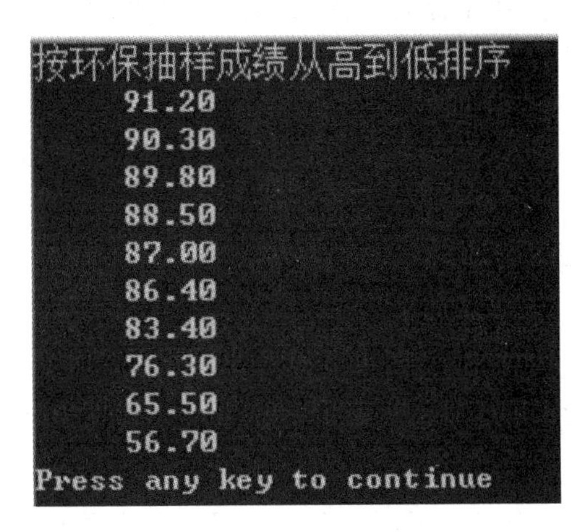

图 5-5　例 5-5 运行结果

两种排序方法的区别：

① 冒泡排序的思想：每次比较如果发现较小的元素在后面，就交换两个相邻的元素。

② 选择排序的思想：并不急于换位置，每扫描一遍数组，只需一次真正的交换，而冒泡排序可能需要多次。

课堂练习 2:请编写一个程序,通过冒泡排序算法对数组 int b[]={25,24,12,76,101,96,28}进行排序。

课堂练习 3:输入一个数,插入到某升序一维数组中,设原数组为 x[6]:-123,-2,2,15,23,45。待插入的新数为 7。

课堂练习 4:定义一个一维数组,有 n+1 个元素,程序运行时临时从键盘给前 n 个数组元素赋值(最后一个元素不赋值),将该数组的前 n 个元素升序排序,并输出排序结果。然后从键盘输入一个数值,按顺序插入到已排好序的数组中。

5.3 二维数组

前面介绍的一维数组只有一个下标,但现实生活中很多问题是需要多维来解决的,当然可以通过数组的嵌套,将一维数组向上扩展成多维数组:二维数组、三维数组……二维数组是应用最多的多维数组形式。二维数组好比数学中的矩阵,各个元素先站成行,各个行再站成列。

5.3.1 二维数组的定义

二维数组定义格式:

类型说明符 数组名[常量表达式 1][常量表达式 2];

其中表达式 1 表示第一维下标的长度,来表示数组的行数;表达式 2 表示第二维下标的长度,来表示数组的列数。例如:

```
int a[2][3];
```

说明了一个 2 行 3 列的数组,数组名为 a,数组元素的数据类型为整型,该数组共有 2×3 个元素。即:

a[0][0] a[0][1] a[0][2]

a[1][0] a[1][1] a[1][2]

二维数组可以看作是一维数组的嵌套,它每行的元素又是一个一维数组。因此,一个二维数组也可以分解为多个一维数组。比如:int a[3][4],可分解为 3 个一维数组,其数组名分别是 a[0]、a[1]、a[2],对这三个一维数组不需另作说明即可使用,这三个一维数组都有 4 个元素,比如一维数组 a[0]的元素是 a[0][0]、a[0][1]、a[0][2]、a[0][3],必须强调的是 a[0]、a[1]、a[2]不能当作下标变量使用,因为它们是数组名,不是一个单纯的下标变量。

二维数组中的元素和一维数组中的元素一样,也是按线性存储的。在 C 语言中,二维数组是按行排列存储的,即存完一行后,顺序存入第二行。比如定义了一个二维数组 int a[3][4],由于数组 a 是 int 型,所以数组的每个元素在内存中占 4 个字节的存储空间。

数组 a 的存储顺序如图 5-6 所示，在内存中的存储情况如图 5-7 所示。

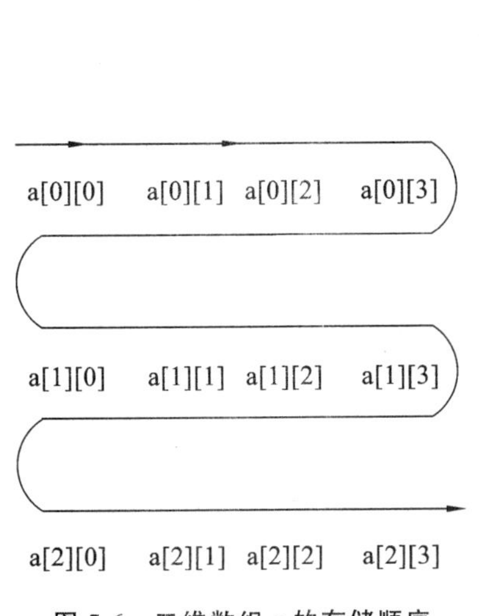

图 5-6　二维数组 a 的存储顺序

内存地址	
2000H	a[0][0]
2004H	a[0][1]
2008H	a[0][2]
200CH	a[0][3]
2010H	a[1][0]
2014H	a[1][1]
…	…
2028H	a[2][2]
202CH	a[2][3]

图 5-7　二维数组 a 在内存中的存储情况

5.3.2　二维数组的初始化

二维数组初始化也是在类型说明时给各下标变量赋以初值。二维数组可以按行分段赋值，也可以按行连续赋值，这两种赋值的结果是完全相同的。

① 按行分段赋值。例如：

```
int a[2][3]={{1,2,3},{4,5,6}};
```

② 按行连续赋值。例如：

```
int a[2][3]={1,2,3,4,5,6};
```

二维数组初始化的一些说明：

① 可以只对部分元素赋值，未赋值的元素自动取 0。例如：

```
int a[3][3]={{1},{2},{3}};
```

这是对数组 a 每行的第一列元素赋值，a[0][0]=1、a[1][0]=2、a[2][0]=3，其他未赋值的元素自动取 0。

② 如果对所有的元素赋初值，则第一维的长度可以不给出。例如：

```
int a[3][3]={1,2,3,4,5,6,7,8,9};
```

可以改为：

```
int a[][3]={1,2,3,4,5,6,7,8,9};
```

虽然第一维长度省略，但也可知，其长度为 3。

注意:C语言允许二维数组初始化时不指定第一维的长度(即行数),但必须指定第二维的长度(即列数),行数可以由系统根据初值的个数来确定(初值个数÷列数)。只定义二维数组而没有赋初值时,行标列标均不能省略。比如 int d[][3];这个语句错误。

5.3.3　二维数组的引用

二维数组也只能引用单个数组元素,不能引用整个数组。二维数组的引用格式:

数组名[下标 1][下标 2];

二维数组的下标可以是整型的变量、常量或表达式。例如:a[2][3]表示数组 a 的第三行第四列的元素。第一维下标的取值范围是 0～第一维长度－1,第二维下标的取值范围是 0～第二维长度－1。例如:在语句"int b[4][3];"之后引用数组 b 的元素。

b[0][2]、b[1＋1][1]、b[i][j](i、j 为整型变量)是合法的引用方式。

b[2][3]、b[1.2][2]、b[1, 2]、b[2], [0]、b(1, 2)、b(3)(1)是非法的引用方式。

【例 5-6】 将一个二维数组的行和列元素互换,存到另一个二维数组中。

```
int a[2][3]={{1,2,3},{4,5,6}};    int b= [3][2]
```

程序分析:首先给 a 赋值,然后通过 a 给 b 赋值,b[i][j]＝a[j][i],最后输出 b 的值。

程序源代码如下:

```
#include<stdio.h>
void main()
{
int a[2][3]={{1,2,3},{4,5,6}};
int b[3][2],i,j;
for(i=0;i<=1;i++)
   {
     for(j=0;j<=2;j++)
       {
         printf("%d",a[i][j]);
         b[j][i]=a[i][j];
       }
     printf("\n");
   }
for(i=0;i<=2;i++)
    {
```

```
        for(j=0;j<=1;j++)
          printf("%d",b[i][j]);
        printf("\n");
      }
  }
```

【例 5-7】 在二维数组 a 中选出各行最大的元素组成一个一维数组 b。

程序分析:在数组 a 的每一行中寻找最大的元素,找到之后把该值赋予数组 b 相应的元素即可。

程序源代码如下:

```
  #include<stdio.h>
  void main()
  {
      int a[][4]={3,16,87,65,4,32,11,108,10,25,12,27};
      int b[3],i,j,l;
      for(i=0;i<=2;i++)          /*查找数组 a 每行的最大元素值*/
        {
          l=a[i][0];
          for(j=1;j<=3;j++)
              if(a[i][j]>l)
                l=a[i][j];
          b[i]=l;                /*将找到的每行最大元素值赋值给数组 b 对应的元素*/
        }
      printf("\narray a:\n");
      for(i=0;i<=2;i++)          /*输出数组 a*/
        {
          for(j=0;j<=3;j++)
              printf("%5d",a[i][j]);
          printf("\n");
        }
      printf("\narray b:\n");
      for(i=0;i<=2;i++)          /*输出数组 b*/
        printf("%5d",b[i]);
      printf("\n");
  }
```

二维数组与一维数组的关系:

从某种意义上来说,二维数组可以看作由一维数组构成的。

假定有语句 char x[m][n];则定义了一个字符类型的二维数组 x,则 x 可以看作有 m 个可继续分解的大元素组成,即由 x[0]、x[1]、…、x[m－1]组成,而每一个大元素 x[i]又分别由 n 个不能再分解的小元素组成。

由于 x[0]、x[1]、…、x[m－1]这些元素本身可以看作一些一维数组,因此从某种意义上说二维数组是由一维数组组成的。

5.3.4　多维数组

当问题的数据构造超出了线、面的方式时,就需要向更高的维度去定义数组。C 语言允许超过二维数组的使用,但使用数组的维数由不同的 C 编译器决定。

由前面的知识可知:数组定义时,一对方括号[ ]表示数组的一个维度,多维数组的定义形式为:

类型说明符 数组名[常量表达式 1][常量表达式 2]…[常量表达式 n];

多维数组元素在内存中的排列顺序:第一维的下标变化最慢,最右边的下标变化最快。多维数组的初始化和引用可以参考二维数组的方法,这里就不再叙述。

课堂练习 5:输出如图 5-8 所示的杨辉三角形,要求输出 10 行。

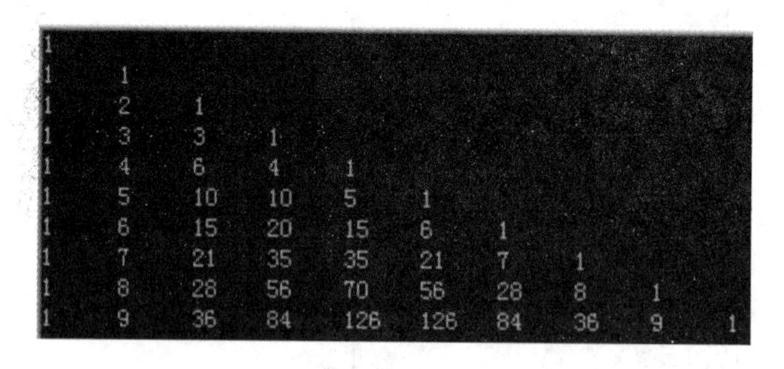

图 5-8　杨辉三角形

解析:通过分析可以得出杨辉三角形的模型

$$a[i][j]=\begin{cases}1 & 当\ i=j\ 或\ j=0\\ a[i-1][j]+a[i-1][j-1] & 其他情况\end{cases}$$

程序如下:

```
#include<stdio.h>
void main()
{int a[10][10],i,j;
for(i=0;i<10;i++)
{
for(j=0;j<10;j++)
{ if(i==j||j==0)
```

```
      a[i][j]=1;
    else
    a[i][j]=a[i-1][j]+a[i-1][j-1];
}
}
for(i=0;i<10;i++)
{
  for(j=0;j<=i;j++)
printf("%-6d",a[i][j]);
  printf("\n");
}
}
```

课堂练习 6:从键盘临时输入整型数组 a[3][4]的值,按矩阵形式输出数组 a 的值,并输出最大元素值及其所在的行列号。

课堂练习 7:定义一个 4 行 3 列的数组并赋值,输出每行的数据和、每列的数据和,形式如下(X 为元素值,Y 为每行和,Z 为每列和,M 为总和):

```
X    X    X         Y
X    X    X         Y
X    X    X         Y
X    X    X         Y
Z    Z    Z         M
```

课堂练习 8:求 4 * 4 矩阵 a 中的最小值并输出。

5.4　字符数组与字符串

从定义、引用及初始化角度来分析,字符数组只是数组的一种,是用来存储字符常量的数组。C 语言中有字符常量和字符变量,有字符串常量,但没有字符串变量。

如何存储字符串?字符数组就能解决这一特殊问题,在 C 语言中可以用字符数组存储字符串,字符数组中的各个元素依次存放字符串的各个字符。同时,在 C 语言库函数中,有关字符串操作的函数最多,而且一直在增加,在 C 语言程序设计中,字符串库函数的使用是必备的基本功。

5.4.1　字符数组的定义与初始化

字符数组的定义、初始化方式和其他类型数组的类似。但是由于字符数组是字符型数据,即数组的数据类型是字符型(char),字符数组的每个元素存放一个字符,因此其使用方式又有不同之处。

一维字符数组的定义格式为：

char 数组名[常量表达式]；

如果需存放多个字符串，则需要定义二维字符数组。二维字符数组的定义格式为：

char 数组名[常量表达式 1][常量表达式 2]；

例如：

```
char test1[10];
char test2[2][8];
```

定义了一个 10 个元素的一维字符数组 tset1 和一个 2 行 8 列的二维字符数组 tset2。

字符数组与其他类型的数组一样，可以在字符数组定义时，通过初始化为字符数组赋值。字符数组初始化的方式分为两类：

(1) 用字符常量初始化数组

例如：

```
char C[3]={'a','b','c'};
```

赋值后数组 C 各元素的值见表 5-1。

表 5-1　数组 C 各元素值

C[0]	C[1]	C[2]
'a'	'b'	'c'

注意：① 如果花括号提供的数组元素个数大于数组长度，则作语法错误处理；

② 如果初值个数小于数组长度，则只将这些字符赋给前面的元素，其余的元素自动定为空字符('\0')，比如：char C[5]={'a','b','c'}；的元素值见表 5-2。

表 5-2　C 元素值

C[0]	C[1]	C[2]	C[3]	C[4]
'a'	'b'	'c'	'\0'	'\0'

当对字符数组全体元素赋初值时，在定义时可以省掉数组长度，系统自动根据初值个数确定数组长度。例如：

```
char a[]={'a','b','c','d','e'};
```

此时，数组 a 的长度自动定义为 5。

(2)用字符串常量初始化数组

字符串是用双引号括起来的字符序列，在 C 语言中，字符串是用字符数组来存储和处理的。例如：

```
char ch[6]={"hello"}
char ch[6]="hello";
char ch[]="hello";
```

这三个初始化语句都是一样的作用，在内存存储中，各字符存放如表 5-3 所示。

表 5-3　字符存放格式

ch [0]	ch[1]	ch[2]	ch[3]	ch[4]	ch[5]
'h'	'e'	'l'	'l'	'o'	'\0'

对于双字节字符(如汉字，占两个字节)无法分解成单个字符，一般都是通过字符串常量初始化数组。例如：

```
char test[60]={"众里寻他千百度,蓦然回首,那人却在,灯火阑珊处。"};
```

5.4.2　字符串

在 C 语言中，字符串是用双引号括起来，并以'\0'作为结束标志的任意字符序列。C 语言中没有字符串变量，对程序中的字符串，系统用字符数组方式保存，连续、顺序地存放每一个字符，最后加上一个空字符'\0'作为结束标志。因此，用字符串方式初始化要比用字符逐个赋值多占一个字节，以用于存放字符串结束标志'\0'。例如：

```
char C[]="C program";
```

数组 C 在内存中的实际存放情况如表 5-4 所示。

表 5-4　实际存放情况

C[0]	C[1]	C[2]	C[3]	C[4]	C[5]	C[6]	C[7]	C[8]	C[9]
'C'	' '	'p'	'r'	'o'	'g'	'r'	'a'	'm'	'\0'

多个字符串可以用二维字符数组存储，其中每一行都是一个字符串。每一行字符串的首地址就是数组名[行下标]。例如：

```
char s[5][10]={"red"," blue"," purple"," black"," white"};
```

这时每个字符串的首地址分别是：s[0]，s[1]，s[2]，s[3]，s[4]。

注意：字符与字符串的区别，字符是用单引号括起来的一个字符，字符串是双引号括起来的，并以 NULL(或'\0')作为结束标记的 0 个或多个字符。在 C 语言中，不存在字符串变量，字符串只能存储在字符数组中。

5.4.3　字符串的处理函数

C 语言标准函数库中提供了很多相关的字符串处理函数，使用方便，它们的原型说明一般在 string.h 头文件中。下面介绍几种常用的字符串操作函数。

(1) 字符串输入输出——gets()和 puts()

gets()输入函数，作用：从终端输入一个字符串到字符数组，并且得到一个函数值，该函数值是字符数组的起始地址。

> **注意**：使用 gets()输入时，用字符数组名，不要加 &；输入串长度要小于数组维数；遇回车结束，自动加'\0'。

puts()输出函数，作用：将一个以'\0'结束的字符串输出到终端。

> **注意**：puts()输出时，用字符数组名，遇'\0'结束。

例如：

```
char st[15];
printf("inputstring:\n");
gets(st);
puts(st);
```

其中 st 是存放字符串的起始地址，可以是字符数组名，字符数组元素地址或字符指针。

(2) 字符串复制函数——strcpy(字符数组名 1，字符数组名 2)

strcpy()复制函数，作用：把字符数组 2 中的字符串拷贝到字符数组 1 中，串结束标志'\0'也一同拷贝；字符数组名 2 也可以是一个字符串常量，这时相当于把一个字符串赋予一个字符数组。调用形式如下：

```
strcpy(s1,s2);
```

例如：

```
char st1[15],st2[]="clanguage";
strcpy(st1,st2);
puts(st1);
printf("\n");
```

输出结果为：clanguage。本例要求字符数组 st1 有足够的长度，否则不能装入所拷贝的字符串。

(3) 字符串连接函数——strcat(字符数组 1，字符数组 2)

strcat()连接函数，作用：把字符数组 2 中的字符串连接到字符数组 1 中字符串的后面，并删去字符串 1 后的串结束标志 '\0'，返回值是字符数组 1 的首地址。调用形式如下：

strcat(s1,s2);

例如：

```
char st1[30]="my name is";
char st2[10]="张三";
strcat(st1,st2);
puts(st1);
```

输出结果为：my name is 张三。本例是把字符数组 st1 与字符数组 st2 连接起来，需要注意的是：字符数组 1 应有足够的长度，否则不能全部装入被连接的字符串。

(4) 字符串比较函数——strcmp(字符数组名 1,字符数组名 2)

strcmp()比较函数，作用：将两个字符串自左向右逐个字符相比(按 ASCII 码值大小比较)，直到出现不同的字符或遇到'\0'为止；若全部字符相同，则认为两个字符串相等，如出现不相同的字符，则以第 1 对不相同的字符比较结果为准。

比较的结果由函数值带回：

若字符串 1＝字符串 2，则函数值为 0；

若字符串 1＞字符串 2，则函数值为一个正整数；

若字符串 1＜字符串 2，则函数值为一个负整数。

注意：本函数也可以用来比较两个字符串常量，或比较数组和字符串常量。

调用形式如下：

strcmp(s1,s2);

(5) 获取字符串长度函数——strlen(字符数组名)

strlen()长度获取函数，作用：测字符串的实际长度(不含字符串的结束标志"\0")并作为函数返回值。调用形式如下：

strlen(s);

(6) 转换为小写的函数——strlwr(字符数组名)

strlwr()小写转换函数，作用：将字符串中大写字母换成小写字母。调用形式如下：

strlwr (s);

(7) 转换为大写的函数——strupr(字符数组名)

strupr ()大写转换函数，作用：将字符串中小写字母换成大写字母。调用形式如下：

strupr(s);

【例 5-8】 编程，从键盘输入一个姓名，并针对"姚明"、"steve jobs"以及其他人做不同的回应，代码如下：

```
#include<stdio.h>
#include<string.h>
void main()
```

```
{char name[80];
printf("请输入姓名:");
gets(name);
if(strcmp(name,"姚明")==0)
  printf("姚明,你可真高呀!\n");
else if(strcmp(strlwr(name),"steve jobs")==0)
  printf("%s,我们非常感谢你,也非常相信你!\n",name);
else
  printf("%s 你好!谢谢你参加我们的游戏!\n",name);
}
```

运行结果如图 5-9 所示。

图 5-9　例 5-8 运行结果

【例 5-9】 从键盘输入一行电文(不超过 80 个字符,以回车结束输入),按以下规则翻译成密码:A(a)　　Z(z),B(b)　　Y(y),C(c)　　X(x),…,M(m)　　N(n),依此类推,输出电文翻译对应的密码(图 5-10)。

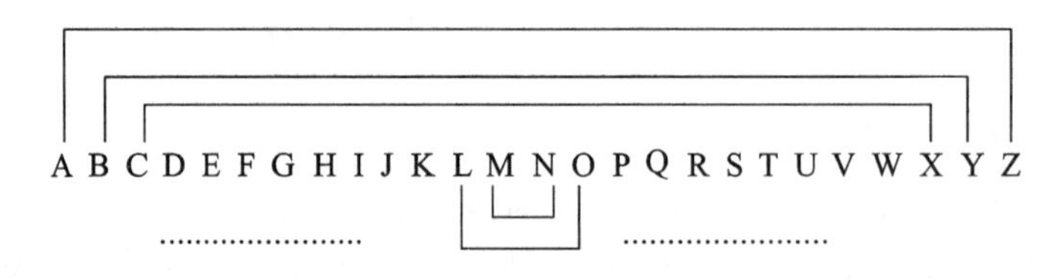

图 5-10　电文翻译密码解析图

解析:大写字母 A～Z 的 ASCII 码为 65～90,从图 5-10 中可以得到:

大写字母的编码规律是:原码＋密码＝155,所以密码＝155－原码。

小写字母 a～z 的 ASCII 码为 97～122,同理可以得到:

小写字母的编码规律是:原码＋密码＝219,所以密码＝219－原码。

```
#include<stdio.h>
void main()
{char c[80],m[80];
int i=0,n;
printf("请输入一行字符:\n");
while(i<80&&(c[i]=getchar())!='\n')
i++;
n=i;
```

```
for(i=0;i<n;i++)
{if(c[i]>='A'&&c[i]<='Z')
  m[i]=155-c[i];
else if(c[i]>='a'&&c[i]<='z')
   m[i]=219-c[i];
else
m[i]=c[i];
}
printf("对应的密码为\n");
{for(i=0;i<n;i++)
printf("%c",m[i]);
}
printf("\n");
}
```

课堂练习 9:输出一个钻石图形。

程序分析:钻石图形存储在一个二维数组中,通过循环结构输出钻石图形。

程序源代码如下:

```
#include<stdio.h>
void main()
{
char diamond[][5]={{' ',' ','*'},{' ','*', ' ','*'},{'*',' ',' ',' ','*'},
{' ','*', ' ','*'},{' ',' ','*'}};
   int i,j;
   for (i=0;i<5;i++)
     {  for (j=0;j<5;j++)
        printf("%c",diamond[i][j]);
        printf("\n");
}
}
```

课堂练习 10:将一行字符中所有字母替换为在字母表中排在其后的第三个字母(即 a 替换为 d,b 替换为 e,c 替换为 f,…,x、y、z 分别替换为 a、b、c),然后输出。

程序分析:定义一个一维字符数组,输入一串字符串存储到数组中,对数组每个元素进行判断,当不是 x、y、z 时,对其 ASCII 码值＋3,替换为其后的第三个字母,否则对其 ASCII 码值－23,使其循环到开头的字母 a、b、c。

程序源代码如下:

```
#include<stdio.h>
```

```
void main( )
{ char str[80], i;
printf("please enter the characters: ");
gets(str);            /*输入字符序列*/
for(i=0; str[i]!='\0';i++)
    {if(str[i]<='w'&& str[i]>='a') str[i]=str[i]+3;
     if(str[i]<='z'&& str[i]>='x') str[i]=str[i]-23;
     if(str[i]<='W'&& str[i]>='A') str[i]=str[i]+3;
     if(str[i]<='Z'&& str[i]>='X') str[i]=str[i]-23;
}
puts(str);            /*输出字符序列*/
    printf("%c", str[i]);
}
```

课堂练习 11:输入五个国家的名称,按字母顺序排列输出。

程序分析:五个国家名应由一个二维字符数组来处理。然而 C 语言规定可以把一个二维数组当成多个一维数组处理。因此本题又可以按五个一维数组处理,而每一个一维数组就是一个国家名字符串。用字符串比较函数比较各一维数组的大小,并排序,输出结果即可。

程序源代码如下:

```
#include<stdio.h>
#include<string.h>
void main()
{
  char st[20],cs[5][20];
  int i,j,p;
  printf("input country's name:\n");
  for(i=0;i<5;i++)                    /*循环输入 5 个国家名称*/
    gets(cs[i]);
     printf("\n");
     for(i=0;i<5;i++)
       {
       p=i;
       strcpy(st,cs[i]);
       for(j=i+1;j<5;j++)
           if(strcmp(cs[j],st)<0)     /*比较国家名称字母大小*/
           {
           p=j;
```

```
            strcpy(st,cs[j]);
            }
            if(p!=i)                      /*调整5个国家名称的位置*/
              {
                strcpy(st,cs[i]);
                strcpy(cs[i],cs[p]);
                strcpy(cs[p],st);
              }
            puts(cs[i]);
        }
    printf("\n");
    }
```

5.5　数组应用实例

【例 5-10】 编写代码实现杨辉三角,存储到数组中,然后使用循环输出杨辉三角(要求打印 10 行)。

杨辉三角的特点:①每行端点与结尾的数为 1。②每行数字左右对称,由 1 开始逐步变大。③每个数等于它上方两数之和。④第 n 行的数字有 n 项。⑤第 n 行数字之和为 2^{n-1}。⑥第 n 行的 m 个数可表示为 C(n−1,m−1)。⑦第 n 行的第 m 个数和第 n−m+1 个数相等 ,为组合数性质之一。如下所示:

1

1　1

1　2　1

1　3　3　1

1　4　6　4　1

1　5　10　10　5　1

……

程序分析:根据杨辉三角的特点,第 0 列和对角线元素的值都为 1,在此基础上计算得出其他元素,然后存储在二维数组中。

参考代码如下:

```
#include<stdio.h>
main()
{
int i,j;
int a[10][10];
```

```
for( i=0;i<10;i++)            /*初始化第 0 列和对角线元素的值都为 1*/
{
a[i][0] =1 ;
a[i][i] =1;
}
for(i=2;i<10;i++)             /*计算其他元素的值*/
    {
    for(j=1;j<i;j++)
     a[i][j]=a[i-1][j-1]+a[i-1][j];
    }
for(i=0;i<10;i++)             /*输出 10 行杨辉三角*/
    {
    for(j=0;j<=i;j++)
     printf("%d\t",a[i][j]);
    printf("\n");
    }
}
```

此程序运行结果如图 5-11 所示。

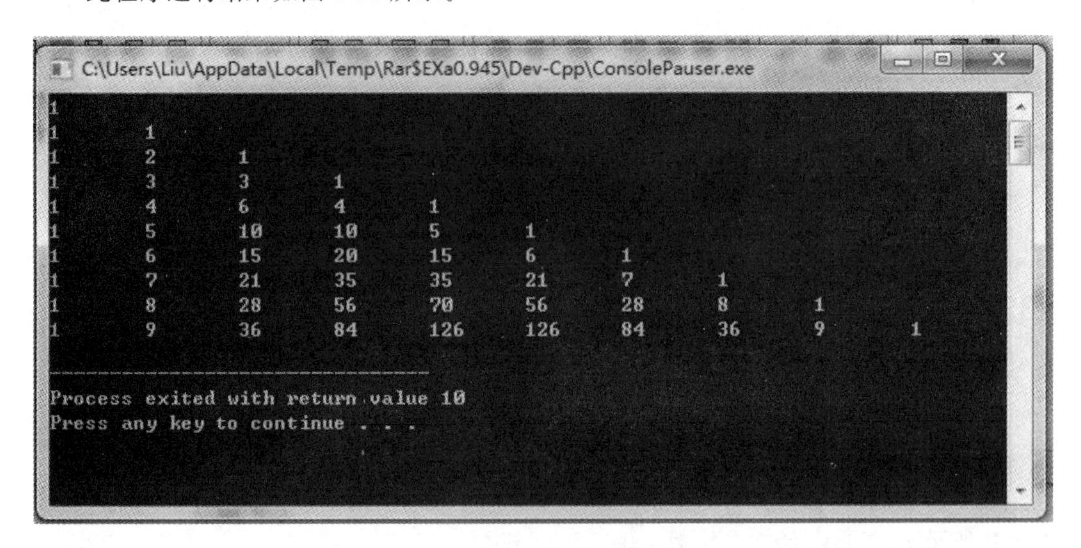

图 5-11　杨辉三角输出 10 行结果图

【例 5-11】 用户输入 10 位学生的三门课程的考试成绩，计算每门课程的平均分、最高分与最低分。

程序分析：10 位学生三门课程的考试成绩，可以用一个二维数组来存储数据，数组每个元素对应一位学生的某一门课程的考试成绩，可以利用三个一维数组存储每门课程的最高分、最低分和平均分，之后再输出。

参考代码如下：

```
#include<stdio.h>
#define NSTU 10                    /*定义学生数 10 人*/
#define NCLA 3                     /*定义课程数 3 门*/
main()
{
double map[NSTU][NCLA]={0};
double sts[NCLA] ={0};
double cts[NCLA] ={0};
double ats[NCLA] ={0};
double ts =0;
int i,j;
for(i =0; i<NSTU; i++)            /*输入 10 名学生的三门课程的考试成绩*/
for(j =0; j<NCLA; j++)
{
printf("输入第%d个学生的第%d门课程的考试成绩:",i+1,j+1);
scanf("%lf", &map[i][j]);
}
for(i =0; i<NCLA; i++)
{
sts[i] =cts[i] =ats[i] =map[0][i];
for(j =1; j<NSTU; j++)
{
if(sts[i]< map[j][i])             /*求出每门课程的最高分*/
{
sts[i] =map[j][i];
}
if(cts[i]>map[j][i])              /*求出每门课程的最低分*/
{
cts[i] =map[j][i];
}
ats[i]+ =map[j][i];               /*累加每门课程的分数*/
}
ats[i] =ats[i] / NSTU;            /*求出每门课程的平均分*/
}
for(i=0 ; i<NCLA; i++)            /*输出每门课程的最高分、最低分、平均分*/
```

```
    {
    printf("第%d门课程的最高分数是:%lf\n",i+1,sts[i]);
    printf("第%d门课程的最低分数是:%lf\n",i+1,cts[i]);
    printf("第%d门课程的平均分数是:%lf\n",i+1,ats[i]);
    }
    }
```

此程序运行结果如图 5-12 所示。

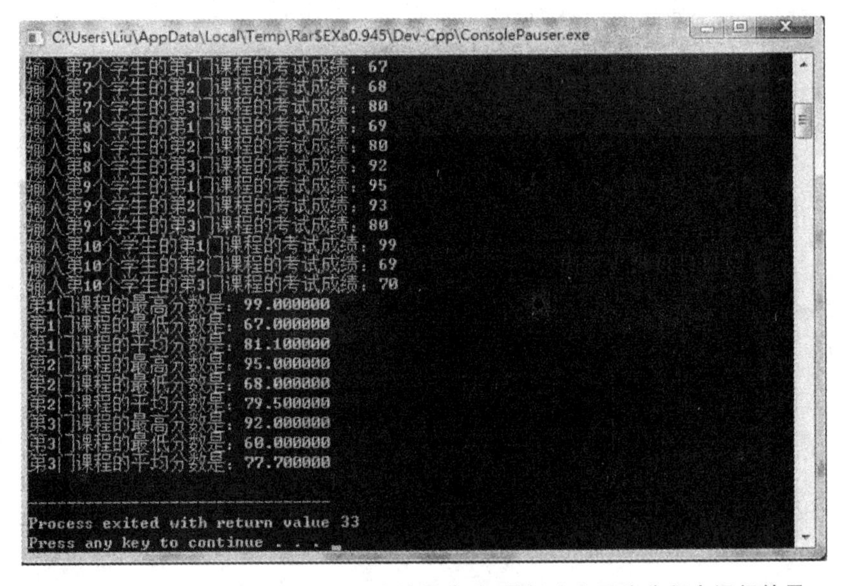

图 5-12　10 名学生三门课程考试成绩最高分、最低分和平均分程序运行结果

【项目小结】

本章主要通过实例介绍了一维数组、二维数组、字符数组和字符串等内容，使读者能初步了解数组在内存的存储方式，和数组中数据的访问方式。

数组是用来存储和处理同一类型数据的对象。数组可以是一维、二维或多维的。数组是由类型说明符、数组名、数组长度(元素个数)三部分组成。

另外本章还介绍了常用的字符数组的定义和引用，以及 C 语言提供的一些常用的字符串处理函数。

【上机实验】

登录网站 http://www.dotcpp.com/oj/problemset.html：

① 在线评测系统第 1023 题。

② 在线评测系统第 1024 题。

③ 在线评测系统第 1025 题。

④ 在线评测系统第 1026 题。

⑤ 在线评测系统第 1055 题。

⑥ 在线评测系统第 1056 题。

⑦ 在线评测系统第 1057 题。

⑧ 在线评测系统第 1058 题。

⑨ 在线评测系统第 1059 题。

⑩ 在线评测系统第 1060 题。

⑪ 在线评测系统第 1061 题。

⑫ 在线评测系统第 1062 题。

⑬ 在线评测系统第 1063 题。

⑭ 在线评测系统第 1064 题。

模块6　函　　数

【模块介绍】

本章主要介绍函数的定义与调用，有参函数，函数的调用与传递，函数的嵌套调用与递归调用，全局变量与局部变量的概念及应用。

【知识目标】

1. 掌握函数的定义、调用方法；
2. 掌握函数原型和函数的返回值；
3. 掌握函数调用中参数的传递；
4. 掌握函数嵌套调用的应用；
5. 掌握函数递归调用的应用；
6. 理解局部变量、全局变量的概念；
7. 掌握局部变量、全局变量的应用。

【技能目标】

1. 学会定义函数；
2. 熟悉函数调用的方法；
3. 理解函数返回值；
4. 熟悉函数调用中参数的传递方法；
5. 熟悉函数嵌套调用与递归函数的应用；
6. 熟悉局部变量、全局变量的应用。

【素质目标】

1. 培养学生自主学习探索新知识的意识；
2. 在上机调试程序的过程中，培养学生分析错误、独立思考、解决问题的能力；
3. 培养模块化的程序设计思想；
4. 培养初步的软件开发团队合作意识；
5. 培养学生形成一种运用函数知识去解决问题的思想。

6.1　初识函数

【任务描述】

编写程序，自定义打印图形函数，利用函数打印图6-1所示的图形。

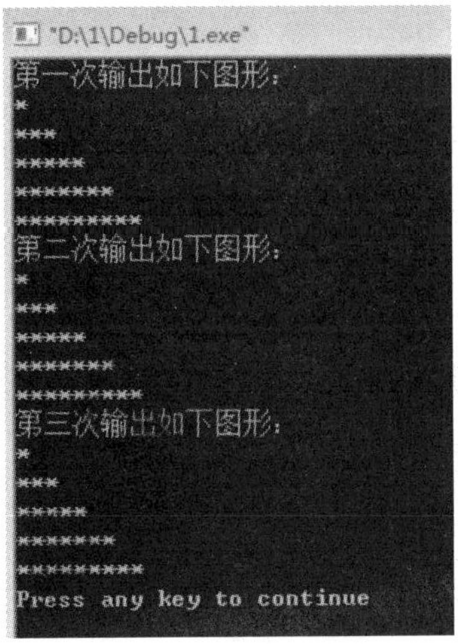

```
"D:\1\Debug\1.exe"
第一次输出如下图形：
*
***
*****
*******
*********
第二次输出如下图形：
*
***
*****
*******
*********
第三次输出如下图形：
*
***
*****
*******
*********
Press any key to continue
```

图 6-1　打印图形

看到结果输出图形，可利用前面所学的知识，编写出程序：

```
void main()
{int i,j;
printf("第一次输出如下图形:\n");
for(i=1;i<=5;i++)
{ for(j=1;j<=2*i-1;j++)
  printf("*");
printf("\n");}
printf("第二次输出如下图形:\n");
for(i=1;i<=5;i++)
{ for(j=1;j<=2*i-1;j++)
  printf("*");
printf("\n");}
printf("第三次输出如下图形:\n");
for(i=1;i<=5,i++)
{ for(j=1;j<=2*i-1;j++)
  printf("*");
printf("\n");}
}
```

通过编写出的程序代码，我们发现 for(i=1;i<=5;i++) { for(j=1;j<=2*i-1;j++)printf("*"); printf("\n");}这段程序重复了三次，有没有什么方法把这段重复的代码整合一下只使用一次呢？下面引入函数来解决这个问题。

6.1.1　函数的概念

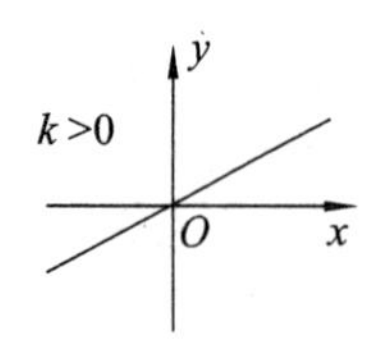

图 6-2　数学中函数的定义

数学中的函数是变量 x 与 y 的对应关系，如图 6-2 所示。但在C语言中，函数是对实现某一功能的代码的模块化封装。

函数就是一个用名字命名的独立的程序块（子程序），能实现某些功能，可供本程序其他函数或者另外一些程序的函数调用。

下面定义一个函数 printstar，其功能就是专门输出，主函数代码可以简化为：

```
void printstar()
{
  int i,j;
  for(i=1;i<=5;i++)
   {for(j=1;j<=2*i-1;j++)
     printf("*");
  printf("\n");}
}
void main()
{
  printf("第一次输出如下图形:\n");
  printstar();
  printf("第二次输出如下图形:\n");
  printstar();
  printf("第三次输出如下图形:\n");
  printstar();
}
```

6.1.2　函数定义

在C语言中，定义一个函数的具体语法格式如下：

返回值类型　函数名([[参数类型 参数名 1],[参数类型 参数名 2],…,[参数类型 参数 n]])

```
{
执行语句
…
return 返回值;
}
```

根据函数有无参数,可以将函数分为无参函数(图 6-3)与有参函数(图 6-4)。

1. 无参函数

```
void func()
{
        printf("第一个函数!\n");
}
```

2. 有参函数

```
void func(int x,int y)
{
        int sum=x+y;
        printf("x+y=%d\n",sum);
}
```

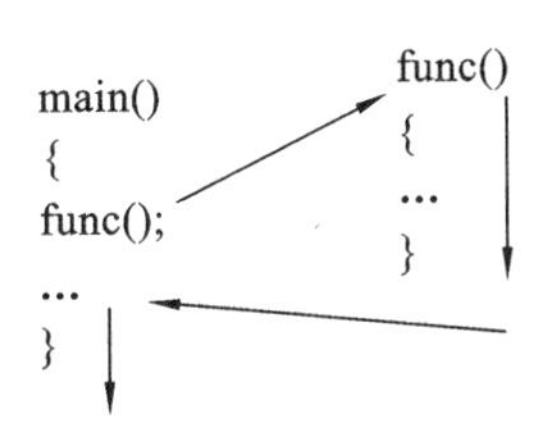

图 6-3　无参函数执行过程示意图

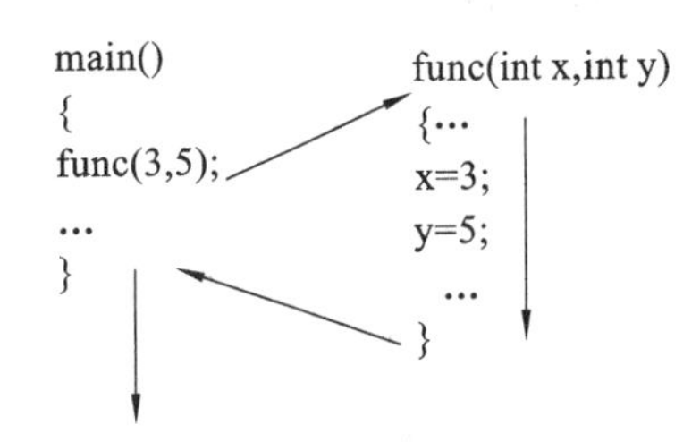

图 6-4　有参函数执行过程示意图

【例 6-1】　定义一个函数,专门输出如图 6-5 所示的乘法口诀表。

```
1*1=1
1*2=2  2*2=4
1*3=3  2*3=6  3*3=9
1*4=4  2*4=8  3*4=12 4*4=16
1*5=5  2*5=10 3*5=15 4*5=20 5*5=25
1*6=6  2*6=12 3*6=18 4*6=24 5*6=30 6*6=36
1*7=7  2*7=14 3*7=21 4*7=28 5*7=35 6*7=42 7*7=49
1*8=8  2*8=16 3*8=24 4*8=32 5*8=40 6*8=48 7*8=56 8*8=64
1*9=9  2*9=18 3*9=27 4*9=36 5*9=45 6*9=54 7*9=63 8*9=72 9*9=81
```

图 6-5　乘法口诀表

```
#include<stdio.h>
void mulTable()
{int i,j;
for(i=1;i<=9;i++)
{for(j=1;j<=i;j++)
  printf("%d*%d=%-3d",j,i,i*j);
```

```
printf("\n");}
}
void main()
{mulTable();
}
```

其他函数内部可以用 mulTable();的形式调用该函数。但如果有人试图用 y=mulTable();形式,则是大错特错。

课堂练习 1:编写一个函数,求 n!。

```
#include<stdio.h>
int factorial(int n)
{
int i,s=1;
for(i=1;i<=n;i++)
{s=s*i;}
return s;
}
void main()
{int i,y=1;
printf("please,enter a integer number:");
scanf("%d",&i);
y=factorial(i);
printf("%d!=%ld\n",i,y);
}
```

实际参数(实参):在调用函数时,函数名后面括号中的表达式称为“实际参数”。

形式参数(形参):在定义函数时,函数名后面括号中变量名称为“形式参数”。

实参是有具体值的,实参可以是常数,也可以是变量,但在使用时必须有具体值。

6.1.3　函数的返回值

函数的返回值是指函数被调用之后,返回给调用者的值。函数的返回值具体语法格式如下:

return 表达式;

或

return;

① 函数的值只能通过 return 来返回主函数。在函数中允许有多个 return 语句,但每次调用只能有一个 return 语句被执行,即函数在执行过程中遇到 return 语句则执行结束。

② 函数值的类型和函数定义中函数的类型应保持一致。如果不一致,则以函数类型

为准,自动进行类型转换。

③ 如果函数值为整型,在函数定义时可以缺省类型说明。

④ 不返回值的函数,可以定义为“空类型”,即 void 类型。

【例 6-2】

```
void main()
{
  int a,b,c;
  scanf("%d,%d",&a,&b);
  c=max(a,b);
  printf("max is %d",c);
}
```

```
max(int x,int y)
{
  int z;
  z=x>y?x:y;
  return(z);
}
```

在函数 max(int x,int y) 中形参 x 和 y 都是普通变量,在调用时是值传递,在调用函数 max(int x,int y)时,把变量 a 的值传给了 x,把变量 b 的值传给了 y。当输入 a=2,b=1 时,调用 max(int x,int y)后,x=2,y=1,z=2,返回 z 的值并赋给变量 c,此时 c=2。

6.2 函数的调用

6.2.1 函数的调用方法

函数是 C 语言的基本组成元素,要想实现函数的功能,必须学会正确调用函数。

① 将函数作为表达式调用:

```
int ret=max(100,150);
```

② 将函数作为语句调用:

```
printf("Hello,world! \n");
```

③ 将函数作为实参调用:

```
printf("%d\n", max(100, 150));
```

不管何种函数,只要被调用,程序的流程就会转去执行被调用函数的代码,当被调用函数执行完毕,则返回主调函数的断点处继续执行。调用过程如图 6-6 所示。

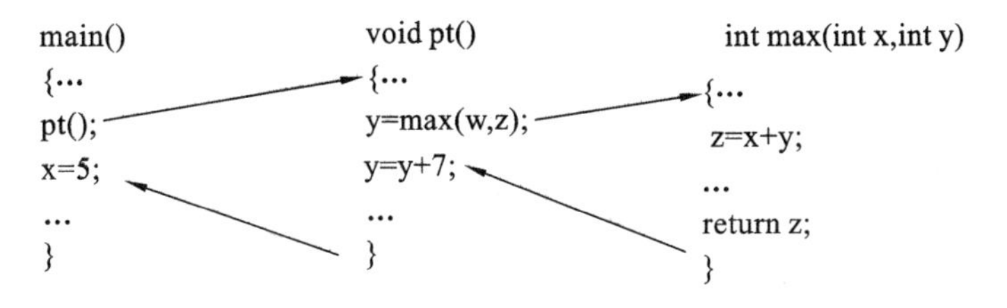

图 6-6 函数调用过程示意图

1. 无返回值的函数调用

与有返回值的函数调用形式一样,只是最后没有“return(表达式)”。

【例 6-3】

```
void printstar()
{
  int i,j;
  for(i=1;i< =5;i++)
    {for(j=1;j< =2*i-1;j++)
      printf("* ");
  printf("\n");}
}
```

```
void main()
{
printf("第一次输出如下图形:\n");
printstar();
printf("第二次输出如下图形:\n");
printstar();
printf("第三次输出如下图形:\n");
printstar();
}
```

前面的例题,利用了无返回值的函数调用解决了重复的代码段问题。

2. 有返回值的函数调用

① 调用函数时,函数名必须与所调用的函数名字完全一致。

② 实参的个数必须与形参一致。

③ C 语言规定,函数必须先定义后调用。

【例 6-4】 编写函数,求两个数的最大值。在主函数中输入两个数,用函数调用求出最大值,并在主函数中输出。

```
#include<stdio.h>
float max(float x,float y)
{
float max;
max=x>y?x:y;
return max;
}

void main()
{
float a,b,m;
scanf("%f%f",&a,&b);
m=max(a,b);
printf("%f 和%f 两个数中的最大值是%f\n",a,b,m);
}
```

在函数 float max(float x,float y) 中形参 x 和 y 都是普通变量,在调用时是值传递。在调用函数 float max(float x,float y)时,把变量 a 的值传给了 x,把变量 b 的值传给了 y。当输入 a=2.5,b=1.8 时,调用 float max(float x,float y)后,x=2.5,y=1.8,max=2.5,返回 z 的值并赋给变量 m,此时 m=2.5,打印输出 a 和 b 中的最大值就是 m=2.5。

函数原型声明:

(1) 除主函数外,对于用户定义的函数要"先定义,后使用"

函数说明的一般形式:

类型名　函数名(参数类型 1,参数类型 2,…)

例:

```
double  add (double,double)
```

也可以与普通变量一起出现在定义语句中。

例:

```
double x,y,add(double a,double b);
```

(2) 函数说明的位置

① 可在所有函数的外部,被调用之前说明函数;

② 在调用函数内部说明,只能在该函数内部才能被识别。

函数的原型声明可以放在以下几个位置:

① 放在主调函数的函数体开头做原型声明,使原型声明作为主调函数的首条语句。

② 放在主调函数之外做原型声明。

注意:通常,提倡把函数的原型声明放在文件开头,以方便后面的函数随时调用它们,而没有必要再分别对它们进行原型声明。

```
void pt();          //对 pt 函数做原型声明
void hello();       //对 hello 函数做原型声明
void main()
{…


}
void pt() {…}
void hello() {…}
void say() {…}
```

3. 避免函数原型声明的情况

曾经有同学问我:前面用过的好多函数,都没有进行原型声明也可以使用,到底满足哪些条件可以省略原型声明?

大家注意,当一个函数要调用另一个函数时,满足下列条件之一,可以不进行原型声明：

① 被调用函数的定义出现在主调函数之前，可以不声明。

② 被调用函数的函数类型如果是整型系列，可以不声明。但这种情况对参数类型无法进行检查，所以不提倡。

6.2.2　函数调用时的数据传递

在C语言程序中，函数的参数分为两种，一种是形式参数，一种是实际参数。

1. 形式参数

在定义函数时函数名后面括号中的变量名称为"形式参数"(简称"形参")或"虚拟参数"。例如 int func(int a, int b)；中的参数就是形式参数。

2. 实际参数

在主调函数中调用一个函数时，函数名后面括号中的参数称为"实际参数"(简称"实参")，实际参数可以是常量、变量或表达式。

例如 int n = func(3, 5)；中的参数就是实际参数。

总结两点：

① 数据只能从实参单向传到形参，即实参的值不能通过函数改变。

② 到目前为止，函数最多只能返回一个函数值。

【例 6-5】 运行下面程序，结果是什么？

```
void swap(int x,int y)
    {    int t;
       t=x;x=y;y=t;
      printf("%d%d\n",x,y);
    }
  void main()
    {
    int a=3,b=4;
    swap(a,b);
    printf("%d%d\n",a,b);
    }
```

运行结果如图 6-7 所示。

图 6-7　例 6-5 运行结果

运行主函数，对变量 a 和 b 分别赋了初值 3 和 4，调用函数 swap(a,b)；将 a=3 和 b=4 分别传给了形参 x 和 y，x=3，y=4，运行子函数，进行了 x 和 y 值的数值交换，在子函数中打印输出 x=4，y=3，子函数运行结束，形参 x 和 y 的内存空间被收回，接着运行主函数中的打印输出语句，输出 a 和 b 的值，此时 a 和 b 的值并没有实现数值的交换，输出 a=3，b=4。

有关实参与形参的几点说明：

① 在函数定义中指定的形参，未调用时，它们不占用存储单元。只有调用该函数时，形参才被分配空间，函数调用结束后，形参所占的存储单元被释放。

② 实参为表达式。函数调用时，先计算表达式的值，然后将值传递给形参。常量、变量、函数值都可看成是表达式的特殊形式。

课堂练习 2：在主函数中提示用户输入两个整数，并获取用户输入的两个数，在子函数中打印输出。

课堂练习 3：写一个函数，能够输出 100～1000 中间的水仙花数。

课堂练习 4：写子函数求阶乘之和 1！+2！+3！+4！+5！+6!，主函数传递参数给子函数，主函数调用子函数并输出结果。

6.2.3　嵌套调用

在调用函数时，可以在一个函数中调用另一个函数，这就是函数的嵌套调用，如图 6-8 所示。

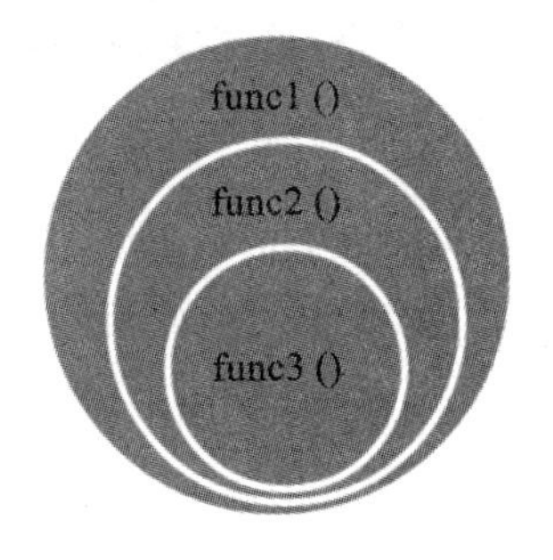

图 6-8　函数嵌套调用示意图

【例 6-6】　编写程序：求两个数的最大公约数和最小公倍数。

```
#include<stdio.h>
#include<math.h>
int maxDivisor(int m,int n)
{int r ;                     //r 用来存放余数
r=m%n;                       //求 m%n 的值赋给 r
while(r!=0)                  //当 r!=0 时，循环下面的语句
{m=n;
```

```
    n=r;
    r=m%n;}
    return n;                    //返回最大公约数
    }
    int comnMultpile(int m,int n)
    {
    return m*n/maxDivisor(m,n);
    }
    void main()
    {
    int x,y;
    printf("输入第一个整数:");
    scanf("%d",&x);
    printf("输入第二个整数:");
    scanf("%d",&y);
    printf("整数%d和%d的最大公约数为%d,最小公倍数为%d\n",x,y,maxDivisor(x,y),
comnMultpile(x,y));
    }
```

运行结果如图 6-9 所示。

图 6-9 例 6-6 运行结果

最小公倍数就是两个数的乘积除以两个数的最大公约数,首先要先求出两个数的最大公约数,最小公倍数就随之而得。

6.2.4 递归调用

如图 6-10 所示的比较古老的故事:“从前有座山,山上有个庙,庙里有个老和尚和 3 岁的小和尚,老和尚给小和尚讲故事,讲的是:从前有座山,山上有个庙,庙里有个老和尚和 2 岁的小和尚,老和尚给小和尚讲故事,讲的是从前有座山,山上有个庙,庙里有个老和尚和 1 岁的小和尚。”这个故事就是非常经典的一个递归的例子。

这里的递归结束条件即小和尚的年龄,因为没有 0 岁的小和尚,所以讲到“庙里有个老和尚和 1 岁的小和尚”时,故事结束。每次递归都使小和尚的年龄减少一岁,所以总有终止递归的时候,不会产生无限递归。

函数自己调用自己,称为递归;含有递归的函数,称为递归函数(图 6-11)。

图 6-10 老和尚给小和尚讲递归故事

注意：递归调用必须和条件语句结合，否则就会成为无终止的自身调用，这是不允许的，实质上也是一种死循环。

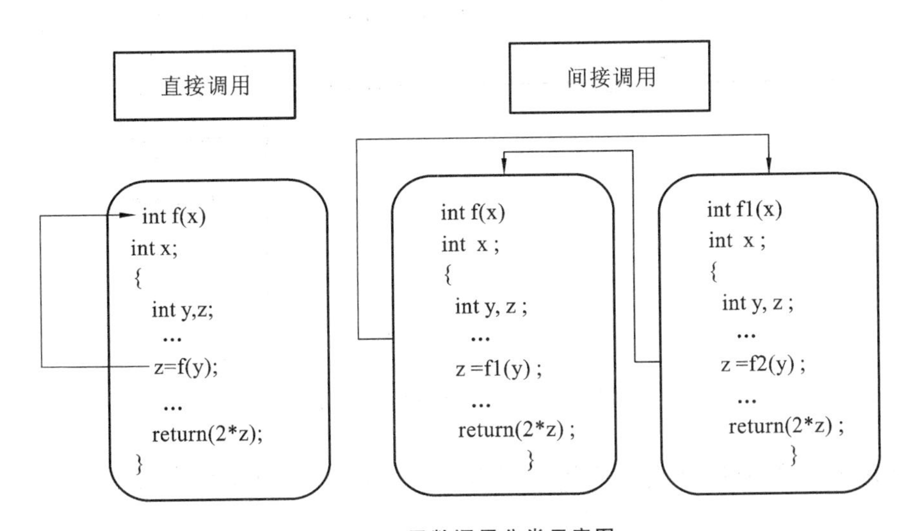

图 6-11 函数调用分类示意图

说明：

① C 语言对递归函数的自调用次数没有限制；

② 须有递归结束条件。

一个问题要采用递归方法来解决，必须符合以下三个条件：

① 可以把要解决的问题转化为一个新的问题，这个新的问题的解决方法仍然和原来

的解法相同，只是所处理的对象有规律地发生递增或递减。

② 可以应用这个转化过程使问题得到解决。

③ 必定要有一个明确的结束递归的条件。

【例 6-7】 用递归法求 n!（图 6-12）。

```
long fact (long n)
{
    return n ==0 ?1 : n * fact(n-1);
}
long fact(long n)
{
if (n <=1)
    return 1;
return n * fact(n-1);
}
```

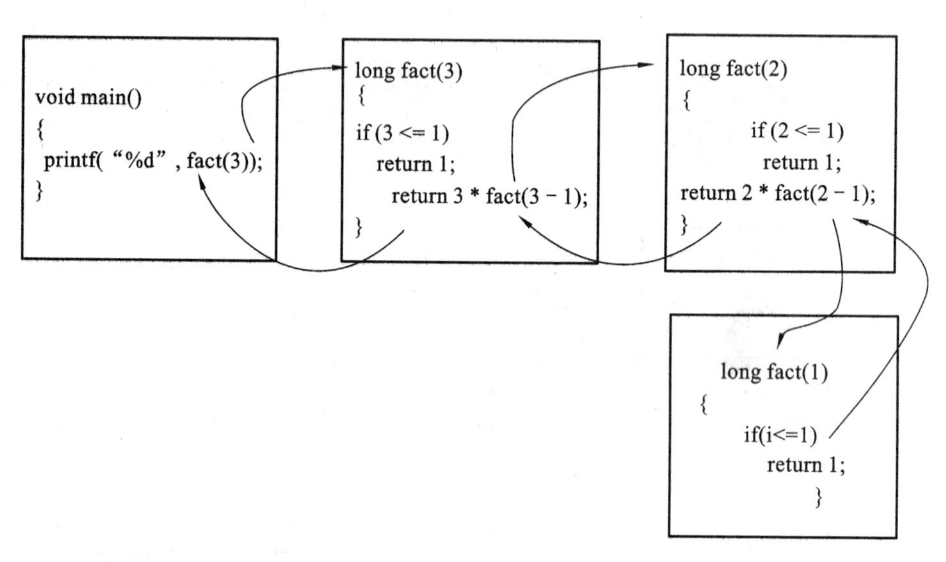

图 6-12　递归实现 n! 示意图

> **注意**：递归要求必须有结束条件，不然就会陷入无限递归的状态，永远无法结束调用。

【例 6-8】 有 5 个人在一起，问第 5 个人多少岁？她说比第 4 个人大 2 岁，而第 4 个人说她又比第 3 个人大 2 岁，第 3 个人也说她比第 2 个人大 2 岁，第 2 个人说她比第 1 个人大 2 岁，而第 1 个人说她今年 10 岁，第 5 个人今年几岁呢（图 6-13～图 6-15）？

设 age 表示年龄，则有如下：

$$age(n)=\begin{cases}10 & (n=1)\\ age(n-1)+2 & (n>1)\end{cases}$$

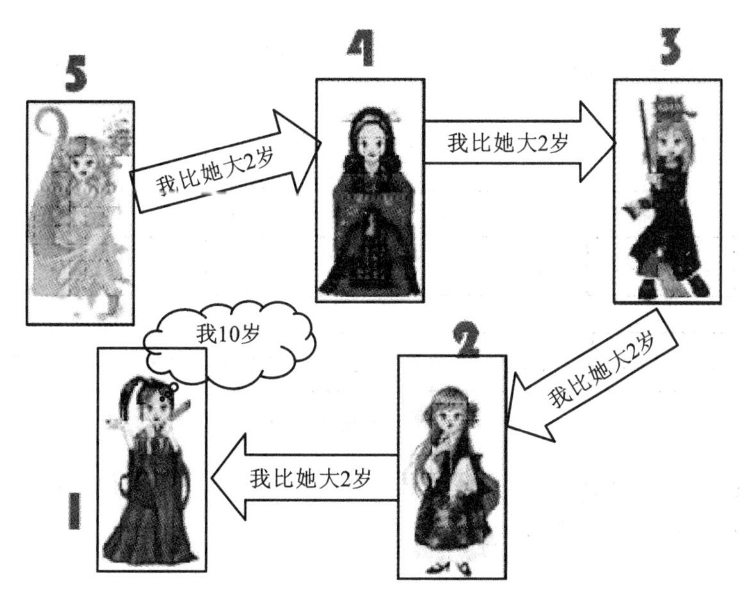

图 6-13　5 个人年龄解析示意图

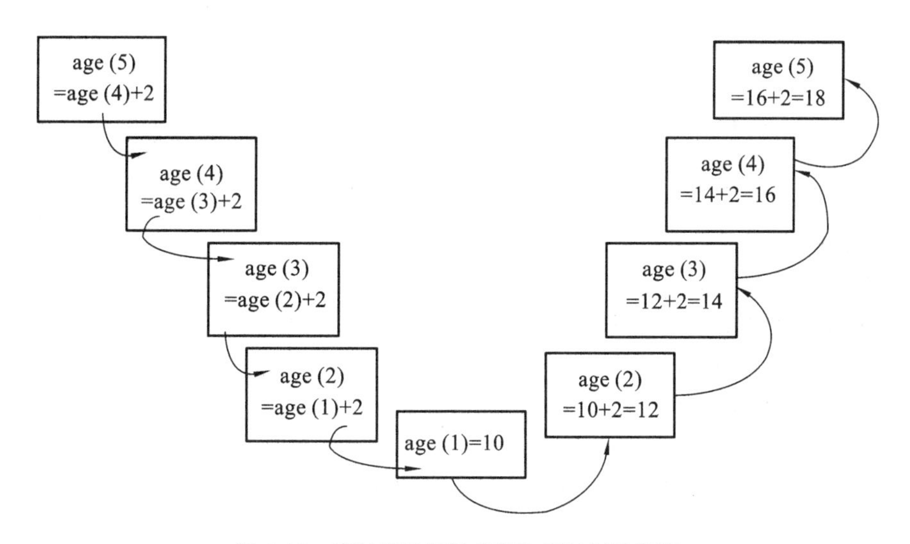

图 6-14　递归实现年龄求解执行过程示意图

```
#include<stdio.h>
age(int n)
    { int c;
      if(n==1) c=10;
      else c=age(n-1)+2;
      return(c) ;
}
void main()
```

```
{
   printf("%d", age(5));
}
```

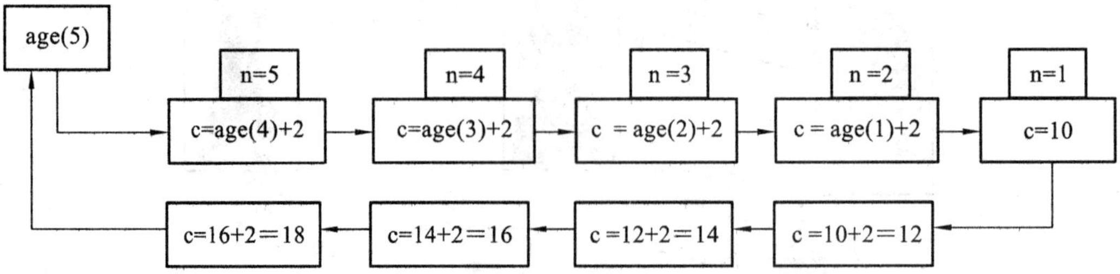

age(5)

n=5　c=age(4)+2

n=4　c=age(3)+2

n =3　c = age(2)+2

n =2　c = age(1)+2

n=1　c=10

c =10+2=12

c =12+2=14

c=14+2=16

c=16+2=18

图 6-15　函数递归调用示意图

【例 6-9】 设计一个函数,能求一整数的各位数字之和,调用函数计算任一输入的整数的各位数字之和,用递归实现。

```
int sum(int n)
{
if(n==0)
  return 0;
else
return sum(n/10)+ n% 10;
}
void main()
{int n;
int sum(int n);
printf("请输入一个整数:\n");
scanf("%d",&n);
printf("sum=%d\n",sum(n));
}
```

如果 n=123,运行过程如图 6-16 所示,结果为 6。

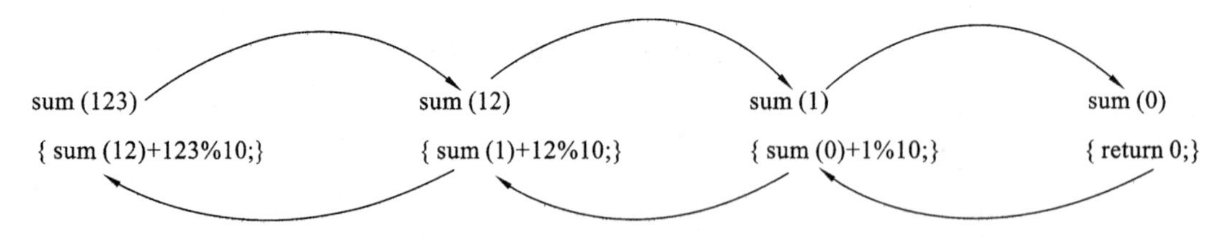

图 6-16　递归调用示意图

课堂练习 5:用递归调用解决猴子吃桃问题:有一个猴子,摘下许多桃子,当天吃掉一半,还不满足,又多吃了一个。第二天又将剩下的桃子吃掉一半,且又多吃了一个。以此类推,到第 10 天的时候,只有一个桃子可吃,问猴子当初摘了多少桃子?

课堂练习 6:角谷定理。输入一个自然数,若为偶数,则把它除以 2,若为奇数,则把它乘以 3 加 1。经过如此有限次运算后,总可以得到自然数值 1。求经过多少次运算可得到自然数 1。

课堂练习 7:输出 Fibonacci(斐波那契)数列的前 20 项。斐波那契数列的规律是:前两项均为 1,其余各项为该项前 2 项之和,即 1,1,2,3,5,8,13,…。比如一次登一个或两个台阶,问登 n 个台阶有多少种可能?青蛙一次跳一下或两下,问跳 n 下有几种可能?铺地砖问题等都可使用斐波那契数列解决。

6.3　局部变量与全局变量

6.3.1　局部变量

局部变量就是在函数内部声明的变量,它只在本函数内有效,也就是说,只能在本函数内使用它。此外,局部变量只有当它所在的函数被调用时才会被使用,而当函数调用结束时局部变量就会失去作用。

6.3.2　全局变量

在所有函数外部定义的变量称为全局变量[包括 main()函数],它不属于哪一个函数,而是属于源程序。因此全局变量可以为程序中的所有函数所共用。它的有效范围从定义处开始到源程序结束。

6.3.3　变量的作用域

在前面介绍过变量需要先定义后使用,但这并不意味着在变量定义之后的语句中一定可以使用该变量。变量需要在它的作用范围内才可以被使用,这个作用范围称为变量的作用域。

【项目小结】

本章首先讲解了函数的概念与定义,然后讲解了函数的返回值、函数的调用、嵌套调用、递归调用等,通过本章的学习,读者应该能够熟练掌握函数的定义及函数递归的应用。函数是 C 语言的核心内容,希望读者能够好好实践本章的例子,加深对函数的理解。

【上机实验】

登录网站 http://www.dotcpp.com/oj/problemset.html:

① 在线评测系统第 1026～1035 题。

② 在线评测系统第 1119～1156 题。

模块7　指　　针

【模块介绍】

本章主要介绍变量与变量地址、指针的概念及指针变量的使用、数组指针、数组名与数据指针的关系、指针的传递。

【知识目标】

1. 掌握变量及变量地址的概念；
2. 掌握指针的概念；
3. 掌握指针的定义及初始化；
4. 掌握指针变量的定义及初始化；
5. 掌握数组指针的运用；
6. 掌握数组名与数组指针的关系；
7. 掌握指针变量作为函数参数的数据传递。

【技能目标】

1. 学会定义指针变量并将其初始化；
2. 能够利用指针访问变量；
3. 能够利用指针访问一维数组；
4. 会用指针访问字符数组与字符串；
5. 理解指针变量与普通变量作为函数参数的异同。

【素质目标】

1. 培养学生自主学习探索新知识的意识；
2. 在上机调试程序的过程中，学生能够养成分析错误、独立思考、解决问题的能力；
3. 在面对实际生活中的用指针去访问数据时，学生能够形成一种运用指针知识去解决问题的思想。

7.1　指针与指针变量

使用指针，从键盘输入圆的半径 r 的值，并使用指针计算圆的面积 s。

大家都会用以前所学的知识对本任务进行编写，但是如何用指针编写本任务呢？

```
#include<stdio.h>
#define PI 3.14
```

```
void main()
{float r,s=0.0;
printf("请输入半径");
scanf("%f",&r);
s=PI*r*r;
printf("圆的面积为%f\n",s);
}
```

7.1.1 指针的概念

一个变量的地址称为该变量的“指针”。如果有一个变量专门用来存放其他变量的地址(指针),这个变量被称为“指针变量”。

如图 7-1 所示,指针和指针变量是两个完全不同的概念,指针是一个地址,而指针变量是存放地址(指针)的变量。

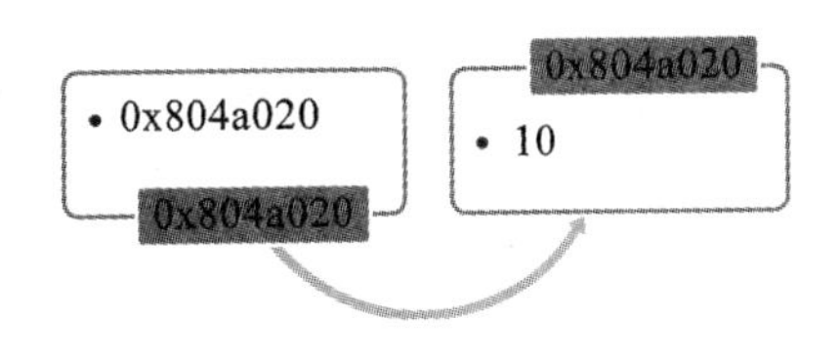

图 7-1 指针存储原理图

7.1.2 指针变量的定义

指针变量在使用前首先需要定义,定义指针变量的语法格式如下所示:

基本类型 * 变量名;

指针变量只能接受其他变量的地址作为其值。获取变量地址的语法格式如下所示:

& 变量名;

定义指针变量的方式有两种,具体如下:

① 定义指针变量的同时对其赋值,如 int a, * p=&a;。

② 先定义指针变量,再对其赋值,如 int * p,a; p=&a;。

用指针实现计算圆的面积:

```
#include<stdio.h>
#define PI 3.14
void main()
{float r,s=0.0;
float *pr,*ps;
pr=&r;
ps=&s;
printf("请输入半径");
scanf("%f",&r);
*ps=PI*(*pr)*(*pr);
printf("圆的面积为%f\n",*ps);
}
```

思考:如何输出 r 和 s 的内存地址?

7.1.3 指针变量的引用

所谓引用指针变量指向的变量，就是根据指针变量中存放的地址，访问该地址对应的变量。访问指针变量指向变量的方式非常简单，只需在指针变量前加一个“*”(取值运算符)即可，访问指针变量的语法格式如下所示：

*指针表达式；

【例 7-1】 从键盘输入两个数值分别送给变量 x 和 y，按由大到小的顺序输出。

```
#include<stdio.h>
void main()
{double x,y,*px,*py,t;
px=&x;
py=&y;
printf("请输入第一个数 x=");
scanf("%lf",px);
printf("请输入第二个数 y=");
scanf("%lf",py);
if(*px<*py)
{t=*px;*px=*py;*py=t; }
printf("x=%.2lf,y=%.2lf",x,y);
printf("max=%.2lf,min=%.2lf\n",*px,*py);
}
```

【例 7-2】 思考下段程序输出结果是什么？

```
#include<stdio.h>
void main()
{int num=100;
int *p=&num;
printf("num=%d\n",num);
printf("*p=%d\n",*p);
printf("p=%d\n",p);
}
```

运行结果如图 7-2 所示。

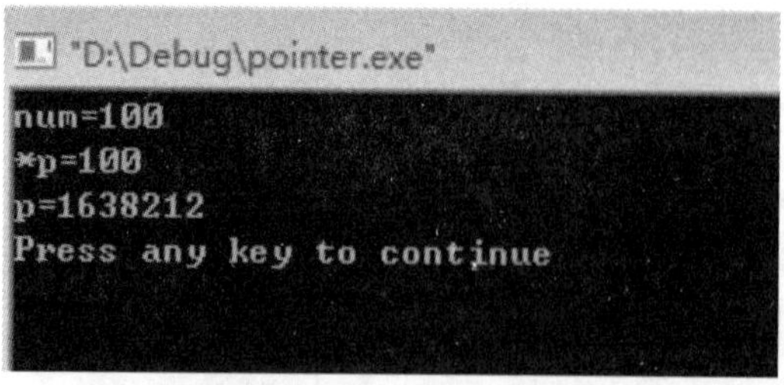

```
"D:\Debug\pointer.exe"
num=100
*p=100
p=1638212
Press any key to continue
```

图 7-2　例 7-2 运行结果

7.1.4　指针的运算

指针作为一种数据类型在程序中也经常需要参与运算，包括指针与整数的加减、同类指针相减、同类指针关系运算等。

① 与整数进行加减运算：+、-、++、--。

指针与整数进行相加、相减运算，实际上是将指针进行上移、下移操作，如图 7-3 所示。

例如：

```
int a;
int *p =&a;
p =p+1;
```

② 同类指针相减运算：-。

③ 同类指针关系运算：==、!=、<>、<=、>=。

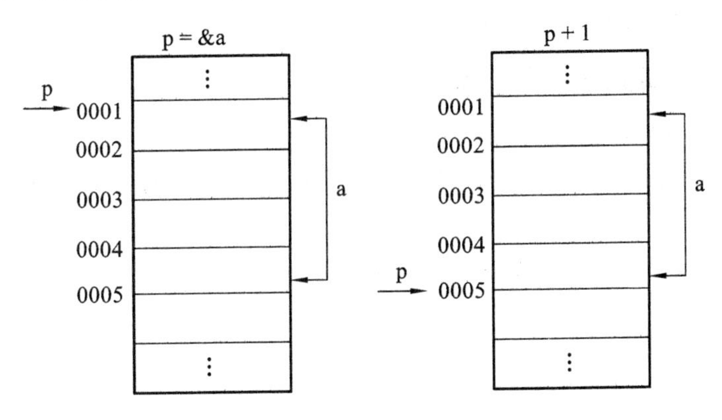

图 7-3　指针与整数相加原理图

课堂练习 1：使用指针，从键盘输入圆的半径 r 的值，并使用指针计算圆的面积 s。

```
#include<stdio.h>
#define PI 3.14
void main()
{float r,s=0.0;
float *pr,*ps;
pr=&r;
ps=&s;
printf("请输入半径");
scanf("%f",&r);
*ps=PI*(*pr)*(*pr);
printf("圆的面积为%f\n",*ps);
}
```

课堂练习 2:定义 3 个变量 a、b、c,分别是 int 、char 、double 类型,定义 3 个指针变量 pa 、pb 、pc,分别指向 a、b、c 三个变量,利用指针变量给对应的变量赋值,然后分别输出 a、b、c 和 * pa、* pb、* pc。

课堂练习 3:从键盘输入 3 个整数分别赋予变量 x、y、z,定义 3 个指针变量分别指向 x、y、z 这 3 个变量,然后利用指针变量比较这 3 个数,按由小到大的顺序输出。要求采用以下两种方法。

方法 1:交换指针变量指向的变量值;

方法 2:交换指针变量的值。

7.2 指针与数组

假设指针变量 p 指向了数组 arr,若想引用一维数组中的元素,可以通过下列两种方式。

p[下标] // 下标法　　或　　*(p +下标) // 指针法

1. 通过指针变量来使用一维数组

(1) 数组与数组的指针变量

数组的地址与数组的指针:数组中首个元素的地址就是数组的地址,也就是数组的指针。

图 7-4 中,a 这个一维数组的地址就是 a[0]的地址。

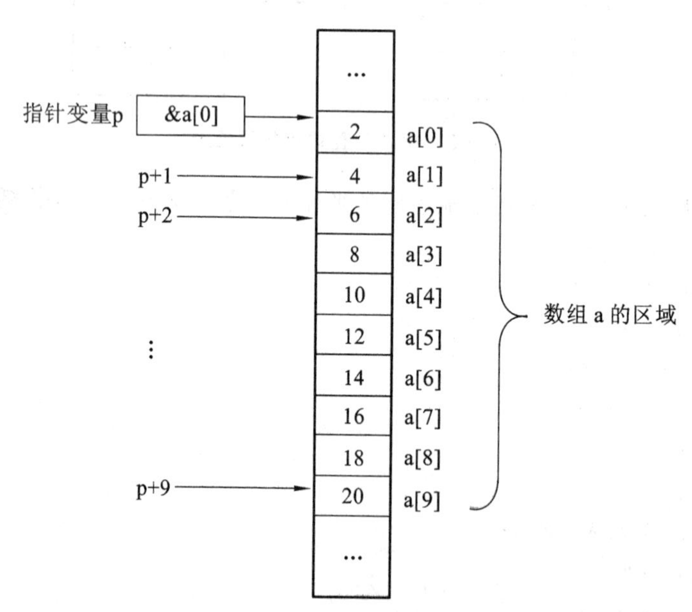

图 7-4　一维数组与指针关系图

数组名与数组的地址:C 语言规定,数组名代表数组的地址,即数组首元素的地址。

数组的指针变量:如果一个指针变量存放着数组首元素的地址(数组的地址),即指针变量指向数组的首个元素,则这个指针变量可看作是数组的指针变量。

例如,用 int a[10] , * p;语句定义了数组 a 和指针变量 p,如果有 p=a;或者 p=&a[0];则指针变量 p 存放着数组 a 的地址,即 p 指向了数组 a 的首个元素,从而 p 可以称作数组 a 的指针变量,如图 7-4 所示。

(2) 通过指针变量来使用数组

若 p 是 int 型指针变量,并且 p 已经指向了某个数组元素。如果 n 是正数,则 p=p+n 会使指针变量 p 指向原位置后面的第 n 个数组元素。如果 n 是负数,则 p 会指向原位置前面的第 n 个数组元素,见图 7-4。

【例 7-3】 打印数据中的每个数据元素。

```
#include<stdio.h>
void main()
{
char arr[5]={'h','e','l','l','o',};
char * p=arr;
int i=0;
while(i<5)
{printf("%c",*p);
p++;
i++;
}
printf("\n");
}
```

运行结果如图 7-5 所示。

图 7-5　例 7-3 运行结果

2. 数组的指针变量与数组名的关系

前面已经讲过,数组名代表数组的首地址,而如果一个指针变量指向数组的首元素,例如 int a[10], * p=a; 此时此刻该指针变量也代表数组的首地址,那么数组名 a 和其指针变量 p 之间有什么关系呢?

(1) 数组指针变量 p 的值可以改变,数组名 a 的值不能改变

p 的值可以改变,但 a 的值不能改变,如 p++;p=p+5;p--;--p;等都是正确的,但 a++;a=a+5;a--;--a;等都是错误的。即数组名永远代表数组的首地址,不能被更改,但数组的指针变量可以任意改变指向,只要合理即可。

(2) 数组的指针变量 p 可以当数组名使用,数组名 a 也可以当指针变量使用

除了上面的区别,在使用上数组名和数组的指针变量几乎没有区别。即当指针变量 p 指向数组 a 的首个元素时, p+i,a+i,&a[i],&p[i]都代表第 i 个元素的地址, *(p+i), *(a+i), p[i], a[i]都代表第 i 个元素。若 p 指向的不是数组的首地址,则该结论就不成立。

【例 7-4】 利用数组的指针变量可以当数组名使用的原理,输入一行字符,并按照降序的形式对该行字符排序,并输出结果。

```
#include<stdio.h>
#define PI 3.14
void main()
{char x[101],*p,t;
int i,j,n;
p=x;
printf("请输入一行字符(不要超过 100 个)");
gets(p);
printf("你输入的字符串为:%s\n",p);
n=strlen(p);
for(i=1;i<n;i++)
{
for(j=0;j<n-i;j++)
{if(p[j]<p[j+1])
{t=p[j],p[j]=p[j+1],p[j+1]=t;}
}
}
printf("排序后的字符串为:%s\n",p);}
```

【例 7-5】 用 C 语言实现以下过程,由计算机随机生成数字 1、2、3(三个数不重复),但顺序不确定。用户猜这三个数的顺序,猜中一个数,奖励免费游欢乐世界门票一张;猜中三个数,奖励 NBA 球星科比冠名球衣一件;一个都没有猜中,向用户表示遗憾。

```
#include<stdio.h>
#include<stdlib.h>
#include<time.h>
void swap(int *q)
{int i,j,t,*p=q;
srand(time(0));
for(i=0;i<5;i++)
```

```
{j=rand()%3+0;
t=*(p+j);
*(p+j)=*p;
*p=t;}
}
void main()
{int ran[3]={1,2,3};
int cainum[3];
int flag=0,i,*p=ran;
printf("********欢迎进入猜数游戏********\n");
swap(p);
printf("请分别输入1-3中不重复的三个数:\n");
for(i=0;i<3;i++)
{printf("第%d个数",i+1);
scanf("%d",&cainum[i]);
if(* (cainum+i)==*(ran+i))
flag++;}
printf("电脑随机数分别是");
for(i=0;i<3;i++)
printf("%d",*(p++));
switch(flag)
{
case 0:printf("很遗憾,你没猜中,请继续加油\n");break;
case 1:printf("你猜中了%d个数,奖励免费游欢乐世界门票一张\n",flag);break;
case 3:printf("你猜中了%d个数,奖励NBA球星科比冠名球衣一件\n",flag);break;
}
}
```

课堂练习4:编写程序,将数组中的数按颠倒的顺序重新存放。在操作时,只能借助一个临时存储单元而不得另外开辟数组。

课堂练习5:定义一个10个元素的一维float型数组,定义一个指针变量p指向数组首元素,然后用指针变量结合循环给数组元素赋值,用指针变量结合循环输出每个元素的值。除了题目中要求的变量(数组名和指针)之外,不准再定义其他变量。

7.3　指针与函数

在C语言中,指针除了可以参与运算,还可以作为函数的参数来使用,它的作用是将一个变量的地址传送到另一个函数中。

【例7-6】　交换两个变量的值(图7-6)。

```
void swap(int *a, int *b)
{
int temp;
temp=*a;
*a=*b;
*b=temp;
}
```

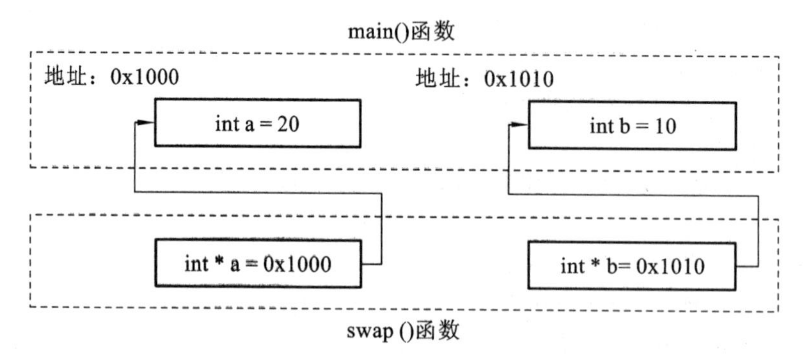

图 7-6　指针作为函数参数进行数据传递

程序开发中有时需要将数组作为参数传给函数。需要注意的是,数组指针作为函数参数时,由于无法获取数组的长度,因此应根据需求传入数组的长度。

当指针指向的是一个函数时,这个指针就称为函数指针。

函数的形参数组名和数组的指针变量完全等价,则函数间的数组传递存在以下关系:

① 当实参为数组名时,形参可以为数组,也可以为指针变量,且形参的实质就是一个指针变量。

② 当形参为数组时,实参可以为数组名,也可以为指针变量,同时也可以是某个元素的地址。

思考:下面程序段,运行结果是什么呢?

```
#include<stdio.h>
void func(int a[5])
{
printf("a=%p,sizeof(a)=%d\n",a,sizeof(a));
}
void main()
{    int arr[5];
printf("arr=%p,sizeof(arr)=%d\n",arr,sizeof(arr));
    func(arr);
}
```

指针变量和其他变量一样,也可以作为函数参数传递,同理,如果需要,函数也可以返回一个指针。

【例 7-7】 编写函数 myadd(int * a,int * b):函数中把两个指针 a 和 b 所指的存储单元中的两个值相加,然后将和值作为函数值返回。在主函数中输入两个数给变量,把变量地址作为实参,传递给对应形参。

```
#include "stdio.h"
int myadd(int *a,int *b)
{int sum;
sum=*a+*b;
return sum;
}
void main()
{
int x,y,z;
printf("Enter x,y:");
scanf("%d%d",&x,&y);
z= myadd(&x,&y);
printf("%d+%d=%d\n",x,y,z);
}
```

通过传送地址值,可以在被调用函数中对调用函数中的变量进行引用。

课堂练习 6:输入 10 个整数,将其中最小的数与第一个数对换,把最大的数与最后一个数对换。写 3 个函数:

① 输入 10 个数;

② 进行处理;

③ 输出 10 个数。

课堂练习 7:定义一个函数 get_max(),它的功能是求数组中的最大值,并返回所求的值,主函数定义有关数据,并调用子函数求出结果,主函数中输出所求的结果。

7.4　指针与字符串

一些人习惯将每个单词首字母大写,例如,将"I love programming!"写成"I Love Programming!"。要求编写一个程序将"I Love Programming!"转换成规范形式"I love programming!",用指针实现。

7.4.1　字符串的表示形式

在 C 语言程序中,有两种方式访问一个字符串:

① 用字符数组存放一个字符串

例如:将字符串"department"存放于字符数组 as 中,代码如下:

```
char as[12]="department";
char as[]="department";
```

② 用字符指针指向一个字符串

可以不定义字符数组,而定义一个字符指针,指向字符串。

例如:char *p="computer";此名等价于 char *p; p="computer";

【例 7-8】 定义一个字符数组,接受一行字符(最多不超过 80 个),统计一下这行字符中总共用了多少个英文单词。

```
#include<stdio.h>
void main()
{
//统计一行文字中的单词个数,用指针实现
char str[80];
int i=0,num=0;
char *p;
printf("请输入一行文字:\n");
gets(str);
p=str;
/*因为单词之间是用空格隔开的,只要统计出句子中空格的个数就可以了,另外统计完空格
  后还要给计数器再加 1,否则句末的那个单词就统计不到了*/
while(*(p+i)!='\0')
{
if(*(p+i)==' ')
num++;
i++;
}
printf("你输入的字符是:");
puts(str);
printf("num=%d \n",num+1);
}
```

7.4.2 字符串的指针变量

如果一个字符指针变量指向一个字符串的首字符,则可以说该指针是字符串的指针变量。

字符串的指针变量可以指向一个字符数组的首字符,也可以指向一个字符串常量的首字符。

从某种意义上说,字符数组的指针变量和其他数组的指针变量几乎没有区别,假如“char a[80],*p;”定义了一维字符数组 a 和字符指针变量 p,如果执行“p=a;”则字符指

针变量 p 指向字符数组的首元素，完全等价于 p 来操作 a 的所有数组元素。

【例 7-9】 用字符数组的指针变量实现例 7-8 的功能。

```
#include<stdio.h>
#include<string.h>
int isLetter(char *p)
{if(*p>='A'&&*p<='Z'||*p>='a'&&*p<='z')
return 1;
else
return 0;
}
void main()
{char a[80],*p=a;
int n=0;
printf("输入一句话:");
gets(p);
while(p<a+strlen(a))
{
if(p==a)
{if(isLetter(p)==1)
n++;
}
else if(isLetter(p)==1&&isLetter(p-1)==0)
n++;
p++;
}
printf("你输入的内容是:%s\n总共用了%d个英文单词\n",a,n);
}
```

输入 I love China! 输出结果如图 7-7 所示。

图 7-7　例 7-9 输出结果

7.4.3　字符串指针变量做函数参数

将一个字符串从一个函数传递给另一个函数，其传递方法和数组传递等价，都有两种方法，即用字符数组名做函数参数和用字符指针变量做函数参数，并且形参和实参能组合出4种情况，本节只讲述用字符串指针变量做函数参数的情况。

【例 7-10】 编程，声明函数 copyString，实现和系统库函数 strcpy 相似的功能。

```
#include "stdio.h"
#include<string.h>
void copyString(char *p1,char *p2)
{
while(*p2!='\0')
{*p1=*p2;
p1++;
p2++;}
* p1='\0';
}
void main()
{
char a[80]="hello,Beijing",b[80]="welcome to China";
copyString(a,b);
printf("%s\n",a);
}
```

【例 7-11】 一些人习惯将每个单词首字母大写，例如，将“I love programming!”写成“I Love Programming!”。要求编写一个程序将“I Love Programming!”转换成规范形式“I love programming!”，用指针实现。

```
#include<stdio.h>
#include<ctype.h>
void main()
{char wrong[19]="I Love Programming";
int i;
for(i=1;*(wrong+i)!='\0';i++)
{if(isspace(*(wrong+i-1))&&isupper(*(wrong+ i)))
  *(wrong+i)=tolower(*(wrong+ i));
}
printf("%s\n",wrong);
}
```

课堂练习 8：如果一个字符串正过来读和倒过来读是一样的，那么这个字符串就被称为回文串，请编写一程序，判断字符串 MADAM 是否是回文串。

课堂练习 9：有一字符串 a，内容为“My name is Li jilin.”，另有一字符串 b，内容为“Mr. Zhang Haoling is very happy”。写一函数，将字符串 b 从第 1 个到第 17 个字符(即“Mr. Zhang Haoling”)复制到字符串 a 中，取代字符串 a 中第 12 个字符以后的字符(即“Li jilin”)。输出新串 a。

【项目小结】

本章首先讲解了指针与指针变量的概念,然后详细讲解了指针与一维数组、指针与函数、指针与字符串等。通过本章的学习,读者应该能够熟练掌握指针的运算以及指针的用法。指针是 C 语言的核心内容,希望读者能够好好练习本章的例子,加深对指针的理解。

【上机实验】

登录网站 http://www.dotcpp.com/oj/problemset.html:

① 在线评测系统第 1025～1026 题。

② 在线评测系统第 1031～1033 题。

③ 在线评测系统第 1042～1048 题。

④ 在线评测系统第 1063 题。

⑤ 在线评测系统第 1070 题。

⑥ 在线评测系统第 1124 题。

⑦ 在线评测系统第 1126 题。

⑧ 在线评测系统第 1132 题。

模块8　结构体和共用体

【模块介绍】

本章主要介绍结构体及结构体变量的定义、初始化及引用，结构成员的使用方法及结构体数组的使用，共用体的定义及语法格式。

【知识目标】

1. 掌握结构体的定义；
2. 掌握结构体成员的使用；
3. 掌握结构体数组的使用；
4. 掌握共用体的定义。

【技能目标】

1. 能够正确定义结构体及结构体变量；
2. 能够正确使用结构体成员；
3. 能够正确使用结构体数组；
4. 能够正确定义共用体；
5. 了解指向结构体变量的指针。

【素质目标】

1. 培养学生自主学习探索新知识的意识；
2. 在上机调试程序的过程中，学生能够养成分析错误、独立思考、解决问题的能力；
3. 在面对实际生活中的一组数据有不同的数据类型组成时，学生能够形成一种运用结构体或共用体知识去解决问题的思想。

8.1　结构体类型和结构体变量

8.1.1　结构体类型的定义

C语言提供的一种构造数据类型——“结构”或“结构体”好比开辟了连续的存储空间，把不同类型的相关的数据存放在一起。结构体是一种复杂的数据类型，是数目固定、类型不同的若干有序变量的集合。例如：定义好结构体后，就可以把某学生的学号、姓名、性别、年龄等信息存放在对应的“成员”域中。这就相当于一个可以存储不同数据类型的一维数组。

结构体是一种构造数据类型,把不同类型的数据整合在一起,每一个数据都称为该结构体类型的成员。

在程序设计中,使用结构体类型时,首先要对结构体类型的组成进行描述,结构体类型的定义方式如下:

```
struct　结构体名
{
  类型标识符　成员名 1;
  类型标识符　成员名 2;
  …
};
```

例如:

```
strcut employee
{
int num;
char name[20];
char sex;
};
```

在这个结构中,结构名为 employee,该结构体由 3 个成员组成。第一个成员为 num,整型变量;第二个成员为 name,字符数组;第三个成员为 sex,字符变量。注意在括号后的分号是不能省略的。结构定义后,即可进行变量说明,凡是为结构 employee 的变量都由上述 3 个成员组成。

8.1.2　结构体变量的定义

说明结构体变量有三种方法。以上面定义的 employee 为例进行说明。

1. 先定义结构体,再说明结构体变量

```
struct employee
{
int num;
char name[20];
char sex;
};
struct employee person1,person2;
```

2. 在定义结构体类型的同时说明结构体变量

```
struct employee
{
```

```
int num;
char name[20];
char sex;
}person1,person2;
```

3. 在定义结构体类型的同时说明结构体数组

```
struct employee
{
int num;
char name[20];
char sex;
}boy[50],person1,person2;
```

注意:结构体类型是用户自定义的一种数据类型,它同前面所介绍的简单数据类型一样,在编译时对结构体类型不分配空间。只有用它来定义某个变量时,才会为该结构体变量分配结构体类型所需大小的内存单元。

8.1.3 结构体变量的初始化

由于结构体变量中存储的是一组类型不同的数据,因此将结构体变量初始化的过程,其实就是将结构体中各个成员初始化的过程。根据结构体变量定义方式的不同,结构体变量初始化的方式可分为两种。

1. 在定义结构体类型和结构体变量的同时,对结构体变量初始化

```
struct stduent
{char name[8];
char sex;
struct data birthday;
float score[4];
}per[3]={{"LIMI",'M',1982,5,10,88.0,76.5,85.5,90.0},
{"zhangsan",'F',1983,10,10,85.0,76.5,95.5,70.0},
{"wangfang",'M',1982,6,15,82.0,76.0,75.0,90.5}};
```

2. 定义好结构体类型后,对结构体变量初始化

```
struct date
{
int year;
int month;
int day;
```

```
};
struct people
{
char id[20];
char name[30];
float pay;
struct date workday;
};
struct people man={"37020419890802118X","张三",6789.5,{1989,8,2}};
```

如果一个结构体变量在定义时没有赋初值,以后想赋值,必须逐个成员分别赋值。

8.1.4　结构体变量的引用

定义并初始化结构体变量的目的是使用结构体变量中的成员。在 C 语言中,引用结构体变量中一个成员的方式如下所示:

结构体变量名.成员名

在使用结构体变量时,应当遵守以下规则。

不能整体引用结构体变量,只能按成员使用结构体变量。其成员的引用方式为:

结构体变量名.成员名

指针变量名－＞成员名

(＊指针变量名).成员名

例:

```
struct stduent
{
char name[8];
char sex;
struct data birthday;
float score[4];
}std,per[5],*ps;
ps=&std;
std.sex                    //即一个学生的性别
ps->sex                    //等价于 std.sex,都是一个学生的性别
```

注意:如果成员本身又是一个结构体则必须逐级找到最低级的成员才可以使用。例如:std.birthday.month。

【例 8-1】 从键盘输入两个工人的姓名、工资和出生日期,输出他们各自的内容。然后交换两个人的信息,再输出各自的内容。

```
#include<stdio.h>
struct date
```

```
{int year,month,day;};
struct worker
{
char name[30];
float pay;
struct date birthday;
};
void main()
{ struct worker man1,man2,temp;
  printf("输入第一个人的姓名:");
  scanf("%s",man1.name);
printf("输入第一个人的工资:");
  scanf("%f",&man1.pay);
printf("输入第一个人的出生日期(年-月-日):");
scanf("%d-%d-%d",&man1.birthday.year,&man1.birthday.month,&man1.birthday.
day);
printf("输入第二个人的姓名:");
  scanf("%s",man2.name);
printf("输入第二个人的工资:");
  scanf("%f",&man2.pay);
printf("输入第二个人的出生日期(年-月-日):");
scanf("%d-%d-%d",&man2.birthday.year,&man2.birthday.month,&man2.
      birthday.day);
printf("打印输出:\n");
printf("第一个人的情况:%s出生于%d年%d月%d日,工资为%.2f元\n",man1.name,
       man1.birthday.year,man1.birthday.month,man1.birthday.day,man1.
       pay);
printf("第二个人的情况:%s出生于%d年%d月%d日,工资为%.2f元\n",man2.name,
       man2.birthday.year,man2.birthday.month,man2.birthday.day,man2.
       pay);
temp=man2;
man2=man1;
man1=temp;
printf("交换之后的情况:\n");
printf("第一个人的情况:%s出生于%d年%d月%d日,工资为%.2f元\n",man1.name,
       man1.birthday.year,man1.birthday.month,man1.birthday.day,man1.
       pay);
printf("第二个人的情况:%s出生于%d年%d月%d日,工资为%.2f元\n",man2.name,
       man2.birthday.year,man2.birthday.month,man2.birthday.day,man2.
       pay);
}
```

课堂练习 1：编程，定义一个结构体类型 struct person，包含 3 个成员，分别是 name（用来存放人的姓名），id（用来存放人的身份证号码），pay（用来存放人的工资）。定义 struct person 类型的变量 man 和 woman，在程序中给 man 赋值（张三，370204197808011381，5567.8），而 woman 的值在程序运行时，临时从键盘输入，然后输出这两个变量的值。

课堂练习 2：编程，定义一个结构体类型，包含 y、m 和 d 三个 int 型成员，分别表示一个日期的年、月、日，定义该类型的结构体变量，从键盘输入一个日期，赋给该结构体变量，并计算输出该日期是本年度中的第几天（注意闰年问题）。

8.2　结构体数组

8.2.1　结构体数组的定义

与前面讲解的数组不同，结构体数组中的每个元素都是结构体类型的，它们都是具有若干个成员的项。与定义结构体变量一样，可以采用三种方式定义结构体数组。

① 先定义结构体类型，后定义结构体数组；

② 在定义结构体类型的同时定义结构体数组；

③ 直接定义结构体数组。

8.2.2　结构体数组的初始化

结构体数组的初始化方式与数组类似，都是通过为元素赋值的方式完成的。由于结构体数组中的每个元素都是一个结构体变量，因此，在为每个元素赋值的时候，需要将其成员的值依次放到一对大括号中。

结构体数组的初始化和普通数组的初始化一样，在此不再赘述。

【例 8-2】　开学之初，老师所任课的班级要选一个班长，候选人是崔佳、王晓、刘娟。全班同学对这三个候选人进行投票，要求每张选票只准选三个人当中的一个，否则作废。有效票数为 10 张，要求，编程统计这 10 张选票，输出每个候选人的得票数。

```
#include<stdio.h>
#include<string.h>
void main()
{
struct person
{char name[20];
    int count;
}leader[3]={{"崔佳",0,},{"王晓",0,},{"刘娟",0,}};
int i,j;
char name[20];
```

```
for(i=1;i<=10;i++)
{printf("请输入第%d张选票上的名字:",i);
   gets(name);
  for(j=0;j<3;j++)
  {
   if(strcmp(name,leader[j].name)==0)
   {   leader[j].count++;
       break;
   }
}
}
printf("姓名   得票     \n");
for(i=0;i<3;i++)
{
printf ("%-10s%-10d\n",leader[i].name,leader[i].count);
}
}
```

8.2.3 结构体数组的引用

结构体数组的引用是指对结构体数组元素的引用,由于每个结构体数组元素都是一个结构体变量,因此,结构体数组元素的引用方式与结构体变量类似,其语法格式如下所示:

数组元素名称.成员名

8.3 结构体指针变量

8.3.1 结构体指针变量

在使用结构体指针变量之前,首先需要定义结构体指针,结构体指针的定义方式与一般指针的类似,例如,下列语句定义了一个 student 类型的指针。

```
struct student s ={"Zhang San", 20140100, 'M', 93.5};
struct student*p =&s;
```

当程序中定义了一个指向结构体变量的指针后,就可以通过“指针名－＞成员变量名”的方式来访问结构体变量中的成员,接下来通过一个案例来演示结构体指针的用法。

```
#include<stdio.h>
#include<stdlib.h>
struct student
{
```

```
char name[50];
int studentID;
};
void main()
{
struct student s={"zhang san",20140000};
    struct student *p=&s;
    printf("%s  %d\n",p->name,p->studentID);
}
```

运行结果如图 8-1 所示。

```
zhang san  20140000
Press any key to continue
```

图 8-1　运行结果

8.3.2　结构体数组指针

指针可以指向结构体数组,即将结构体数组的起始地址赋给指针变量,这种指针就是结构体数组指针。

```
struct student stu1[10], *p=stu1;
```

【例 8-3】 演示如何使用结构体数组指针输出多个学生的信息。

```
#include<stdio.h>
#include<stdlib.h>
struct student
{
int num;
char name[20];
char sex;
int age;
}stu[3]={{201401001,"wang ming",'m',19},
{201401002,"zhang ning",'w',23},{201401003,"Li ming",'m',19}};
void main()
{
struct student *p;
printf("num\t\tname\t\tsex\tage\n");
for(p=stu;p<stu+3;p++)
printf("%ld\t%-12s\t%-2c\t%4d\n",p->num,p->name,p->sex,p->age);
}
```

运行结果如图 8-2 所示。

```
num              name            sex    age
201401001        wang ming        m      19
201401002        zhang ning       w      23
201401003        Li   ming        m      19
Press any key to continue
```

图 8-2　例 8-3 运行结果

课堂练习 3：定义一个结构体类型，用来表示日期(年、月、日)，主函数输入两个日期，调用子函数比较两个日期当中哪个日期更早，且子函数返回较早的日期，在主函数输出结果。

8.4　共　用　体

共用体和结构体类似，不过结构体的每个成员都会分配相应的内存空间，而共用体的所有成员共用一段内存空间，它们的起始地址一样，并且同一时刻只让一个成员变量使用。

用现实中的一个例子来解释共用体数据类型：假如小明家里的一个客房专供客人居住，这些客人主要是大姨、三姨。现在要定做一张床，大姨身高 1.50 米、三姨身高 1.70 米，现在需要按照三姨的身高来制作床。

共用体类型与上面的例子有着相似之处。在程序设计中，有时需要把不同类型的变量放到同一段内存单元中，让这些变量"共用"这段内存空间，这种类型的数据称为"共用体"。共用体又叫联合体，是一种特殊的数据类型，它允许多个成员使用同一块内存。灵活地使用共用体可以减少程序所使用的内存。

8.4.1　共用体数据类型的定义

在 C 语言中，共用体类型同结构体类型一样，都属于构造类型，它在定义上与结构体类型十分相似，定义共用体类型的语法格式如下所示：

```
union 共用体类型名称
{
数据类型　成员名 1;
数据类型　成员名 2;
…
数据类型　成员名 n;
};
```

共用体类型变量的内存分配：共用体变量所占的内存长度等于最长的成员所占内存长度。

【例 8-4】 查看下面代码的运行结果。

```
#include<stdio.h>
void main()
{
struct stest
{double x;
char y;
int z;
};
union utest
{
double x;
char y;
int z;
};
struct stest a;
union utest b;
printf("变量 a 所占的内存空间为%d 个字节\n",sizeof(a));
printf("变量 b 所占的内存空间为%d 个字节\n",sizeof(b));
}
```

运行结果如图 8-3 所示。

图 8-3　例 8-4 运行结果

注意:sizeof()函数是得到一个变量所占内存空间的字节数,参数可以是变量名或数据类型。

结构体类型变量的内存长度等于结构体成员所占的内存长度之和。

共用体类型变量的内存长度等于共用体成员中占用内存最长的成员的长度。

8.4.2　共用体变量的定义

共用体变量的定义和结构体变量的定义类似,假如要定义两个 data 类型的共用体变量 a 和 b,则可以采用下列三种方式。

① 先定义共用体类型,再定义共用体变量;

② 在定义共用体类型的同时定义共用体变量;

③ 直接定义共用体类型变量。

8.4.3 共用体变量的初始化和引用

在共用体变量定义的同时，只能用其中一个成员的类型值进行初始化，共用体变量初始化的方式如下所示：

union 共用体类型名 共用体变量={ 其中一个成员的类型值 }；

共用体变量的引用方式与结构体类似，但两者是有区别的，在程序执行的任何特定时刻，结构体变量中的所有成员是同时驻留在该结构体变量所占用的内存空间中，而共用体变量仅有一个成员驻留在共用体变量所占用的内存空间中。接下来通过一个案例来验证。

【例 8-5】 假定要编写一个程序，录入某个班级的学生和任课老师的信息，且按图 8-4 所示的形式输出。

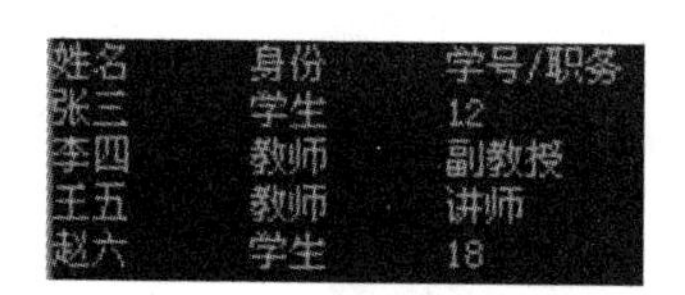

图 8-4　学生及老师信息

```
#include<stdio.h>
#include<string.h>
void main(){
union type {
int num;
char job[20];
};
struct people
{char name[10],tag[10];
union type num_job;};
struct people pe[4];
int i;
for(i=0;i<4;i++)
{printf("请输入第%d个人的姓名:",i+1);
scanf("%s",pe[i].name);
printf("请输入第%d个人的身份(学生/老师):",i+1);
scanf("%s",pe[i].tag);
if(strcmp(pe[i].tag,"学生")==0)
{printf("请输入学生的学号:");
scanf("%d",&pe[i].num_job.num);
}
```

```
else
{printf("请输入教师的职务:");
scanf("%s",&pe[i].num_job.job);}
}
printf("姓名      身份      学号/职务\n");
for(i=0;i<4;i++)
{printf("%-10s%-10s",pe[i].name,pe[i].tag);
if(strcmp(pe[i].tag,"学生")==0)
printf("%-10d\n",pe[i].num_job.num);
else
printf("%-10s\n",pe[i].num_job.job);
}
}
```

8.5 typedef——给数据类型取别名

在前面章节中,讲解了 C 语言提供的各种数据类型和用户自己声明的结构体、共用体、指针类型等。除了这些数据类型,C 语言还允许用户使用 typedef 关键字为现有数据类型取别名。使用 typedef 关键字可以方便程序的移植,减少对硬件的依赖性。

① 为基本类型取别名

```
typedef  int ZX;
ZX i,j,k;
```

② 为数组类型取别名

```
typedef char NAME[10];
NAME class2;
```

这里 NAME class2 等价于 char class2[10]。

③ 为结构体取别名

使用 typedef 关键字为结构体类型 student 取别名。

```
typedef struct student
{
int num;
char name[110];
char sex;
}STU;
STU stu1;
```

【项目小结】

本章主要讲解了结构体和共用体两种构造类型,最后讲解用 typedef 定义数据类型。

通过本章的学习，读者应能熟练掌握结构体和共用体的定义、初始化以及引用方式，为后期复杂数据的处理打下坚实的基础。

【上机实验】

登录网站 http://www.dotcpp.com/oj/problemset.html：

① 在线评测系统第1049题。

② 在线评测系统第1050题。

③ 在线评测系统第1051题。

附录 A　程序调试常见错误信息

C 源程序的错误有三种类型，分别为致命错误、一般错误和警告错误。致命错误通常是内部编译出错；一般错误主要是程序语法错误、磁盘或内存存取错误、命令行错误等；警告错误通常是指出一些怀疑的情况，它并不妨碍编译的执行。

下面按字母 A～Z 的顺序列出常见的错误，供读者参考。

(1) Argument list syntax error…………参数表语法错误

(2) Array bounds missing………………丢失数组界限符

(3) Array size too large………………数组尺寸太大

(4) Bad character in parameters………………有不适当的字符

(5) Bad file name format in include directive………命令中文件名格式不正确

(6) Bad ifdef directive syntax………………编译预处理 ifdef 有语法错

(7) Bad undef directive syntax………………编译预处理 undef 有语法错

(8) Bit field too large…………………………位字段太长

(9) Call of non-function………………调用未定义的函数

(10) Call to function with no prototype………用函数时没有函数的说明

(11) Cannot modify a const object……………不允许修改常量对象

(12) Case outside of switch……………………漏掉了 case 语句

(13) Case syntax error…………………………case 语法错误

(14) Code has no effect………………………代码不可能执行到

(15) Compound statement missing{…………程序漏掉"{"

(16) Conflicting type modifiers………………不明确的类型说明符

(17) Constant expression required……………要求常量表达式

(18) Constant out of range in comparison……在比较中常量超出范围

(19) Conversion may lose significant digits……转换时会丢失意义的数字

(20) Conversion of near pointer not allowed………………不允许转换近指针

(21) Could not find file ″xxx″………………找不到 XXX 文件

(22) Declaration missing ;………………说明缺少";"

(23) Declaration syntax erro………………出现语法错误

(24) Default outside of switch………………出现在 switch 语句之外

(25) Define directive needs an identifier………………预处理需要标识符

(26) Division by zero………………用零作除数

(27) Do statement must have while………………while 语句中缺少 while 部分

(28) Enum syntax error………………枚举类型语法错误
(29) Enumeration constant syntax error………………枚举常数语法错误
(30) Error directive :xxx………………错误的编译预处理命令
(31) Error writing output file………………写输出文件错误
(32) Expression syntax error………………表达式语法错误
(33) Extra parameter in call………………调用时出现多余错误
(34) File name too long………………文件名太长
(35) Function call missing) ………………函数调用缺少右括号
(36) Function definition out of place………………函数定义位置错误
(37) Function should return a value………………函数必须返回一个值
(38) Goto statement missing label………………Goto 语句没有标号
(39) Hexadecimal or octal constant too large…………16 进制或 8 进制常数太大
(40) Illegal character "x"………………非法字符×
(41) Illegal initialization………………非法的初始化
(42) Illegal octal digit………………非法的 8 进制数字
(43) Illegal pointer subtraction………………非法的指针相减
(44) Illegal structure operation………………非法的结构体操作
(45) Illegal use of floating point………………非法的浮点运算
(46) Illegal use of pointer………………指针使用非法
(47) Improper use of a typedef symbol………………类型定义符号使用不恰当
(48) In-line assembly not allowed………………不允许使用行间汇编
(49) Incompatible storage class………………存储类别不相容
(50) Incompatible type conversion………………不相容的类型转换
(51) Incorrect number format………………错误的数据格式
(52) Incorrect use of default………………Default 使用不当
(53) Invalid indirection………………无效的间接运算
(54) Invalid pointer addition………………指针相加无效
(55) Irreducible expression tree………………无法执行的表达式运算
(56) Lvalue required………………需要逻辑值 0 或非 0 值
(57) Macro argument syntax error………………宏参数语法错误
(58) Macro expansion too long………………宏的扩展以后太长
(59) Mismatched number of parameters in definition……定义中参数个数不匹配
(60) Misplaced break………………此处不应出现 break 语句
(61) Misplaced continue………………此处不应出现 continue 语句
(62) Misplaced decimal point………此处不应出现小数点
(63) Misplaced else………………此处不应出现 else
(64) Misplaced elif directive………………此处不应出现编译预处理 elif

(65) Misplaced endif directive………………此处不应出现编译预处理 endif

(66) Must be addressable………………必须是可以编址的

(67) Must take address of memory location………………必须存储定位的地址

(68) No declaration for function "xxx"………………没有函数×××的说明

(69) No stack………………缺少堆栈

(70) No type information………………没有类型信息

(71) Non-portable pointer assignment………不可移动的指针(地址常数)赋值

(72) Non-portable pointer comparison………不可移动的指针(地址常数)比较

(73) Non-portable pointer conversion…………不可移动的指针(地址常数)转换

(74) Not a valid expression format type………………不合法的表达式格式

(75) Not an allowed type………………不允许使用的类型

(76) Numeric constant too large………………数值常太大

(77) Out of memory………………内存不够用

(78) Parameter "xxx" is never used………………参数×××没有用到

(79) Pointer required on left side of －＞………………符号－＞的左边必须是指针

(80) Possible use of "xxx" before definition……在定义之前就使用了×××(警告)

(81) Possibly incorrect assignment………………赋值可能不正确

(82) Redeclaration of "xxx"………………重复定义了×××

(83) Redefinition of "xxx" is not identical………………×××的两次定义不一致

(84) Register allocation failure………………寄存器定址失败

(85) Repeat count needs an lvalue………………重复计数需要逻辑值

(86) Size of structure or array not known………………结构体或数给大小不确定

(87) Statement missing ; ………………语句后缺少";"

(88) Structure or union syntax error………………结构体或联合体语法错误

(89) Structure size too large………………结构体尺寸太大

(90) Sub scripting missing] ………………下标缺少右方括号

(91) Superfluous & with function or array…………函数或数组中有多余的"&"

(92) Suspicious pointer conversion………………可疑的指针转换

(93) Symbol limit exceeded………………符号超限

(94) Too few parameters in call…………函数调用时的实参少于函数的参数

(95) Too many default cases………………Default 太多(switch 语句中一个)

(96) Too many error or warning messages………………错误或警告信息太多

(97) Too many type in declaration………………说明中类型太多

(98) Too much auto memory in function………………函数用到的局部存储太多

(99) Too much global data defined in file………………文件中全局数据太多

(100) Two consecutive dots………………两个连续的句点

(101) Type mismatch in parameter xxx………………参数×××类型不匹配

(102) Type mismatch in redeclaration of "xxx"…………×××重定义的类型不匹配

(103) Unable to create output file "xxx"………………无法建立输出文件×××

(104) Unable to open include file "xxx"………………无法打开被包含的文件×××

(105) Unable to open input file "xxx"………………无法打开输入文件×××

(106) Undefined label "xxx"………………没有定义的标号×××

(107) Undefined structure "xxx"………………没有定义的结构×××

(108) Undefined symbol "xxx"………………没有定义的符号×××

(109) Unexpected end of file in conditional started on line xxx……从×××开始的条件语句尚未结束,文件不能结束

(110) Unknown assemble instruction………………未知的汇编结构

(111) Unknown option………………未知的操作

(112) Unknown preprocessor directive: "xxx"………不认识的预处理命令×××

(113) Unreachable code………………无路可达的代码

(114) Unterminated string or character constant………………字符串缺少引号

(115) User break………………用户强行中断了程序

(116) Void functions may not return a value……void 类型的函数不应有返回值

(117) Wrong number of arguments………………调用函数的参数数目错

(118) "xxx" not an argument………………×××不是参数

(119) "xxx" not part of structure………………×××不是结构体的一部分

(120) xxx statement missing (………………×××语句缺少左括号

(121) xxx statement missing) ………………×××语句缺少右括号

(122) xxx statement missing ;………………×××缺少分号

(123) "xxx" declared but never used………………说明了×××但没有使用

(124) "xxx" is assigned a value which is never used………给×××赋了值但未用过

(125) Zero length structure………………结构体的长度为零

参 考 文 献

[1] 谭浩强.C语言程序设计[M].北京:清华大学出版社,2010.
[2] 王彩霞.C语言程序设计项目化教程[M].北京:清华大学出版社,2012.
[3] 蔡明志.乐在C语言[M].管杰,罗勇,译.北京:人民邮电出版社,2013.
[4] 葛素娟,胡建宏.C语言程序设计教程[M].北京:机械工业出版社,2014.
[5] 黄建灯.C程序设计[M].广州:华南理工大学出版社,2015.
[6] 衡军山,马晓晨.C语言程序设计[M].北京:高等教育出版社,2016.
[7] 唐懿芳,等.C语言程序设计基础项目教程[M].北京:清华大学出版社,2016.
[8] C语言网.http://www.dotcpp.com.